Wilhelm Kuttler · Einflußgrößen gesundheitsgefährdender Wetterlagen und deren bioklimatische Auswirkungen auf potentielle Erholungsgebiete

BOCHUMER GEOGRAPHISCHE ARBEITEN

Herausgegeben vom Geographischen Institut der Ruhr-Universität Bochum
durch Dietrich Hafemann · Karlheinz Hottes · Herbert Liedtke · Peter Schöller
Schriftleitung: Jürgen Blenck

Heft 36

Einflußgrößen gesundheitsgefährdender Wetterlagen und deren bioklimatische Auswirkungen auf potentielle Erholungsgebiete

dargestellt am Beispiel des Ruhrgebietes und des Sauerlandes

Wilhelm Kuttler

FERDINAND SCHÖNINGH · PADERBORN · 1979

Die vorliegende Arbeit wurde von der Fakultät der Abteilung für Geowissenschaften
an der Ruhr - Universität Bochum 1978 als Dissertation angenommen.

Alle Rechte, auch das der auszugsweisen und photomechanischen Wiedergabe, vorbehalten.
© 1979 by Ferdinand Schöningh, Paderborn, ISBN 3-506-71216-0

Gesamtherstellung: Druckerei Brinck u. Co KG, 43 Essen-Kray, Hubertstraße 312

Die Grundkarte für den Umschlag ist eine verkleinerte Zusammensetzung aus der Topographischen
Übersichtskarte 1 : 200 000, Blätter CC 4110 Münster (Westf.) und CC 5510 Siegen, hrsg. vom
Institut für Angewandte Geodäsie, Frankfurt/Main.

Einbandgestaltung: D. Rühlemann

VORWORT

Das vorliegende interessante Thema aus dem Bereich der angewandten Klimageographie geht auf eine Anregung meines verehrten Lehrers, Herrn Prof. Dr. Detlef Schreiber, Geographisches Institut der Ruhr-Universität Bochum, zurück, dem ich für seine stete Diskussionsbereitschaft und den großzügig bemessenen Freiraum, der mir zur Anfertigung der Arbeit zur Verfügung stand, sehr dankbar bin. Darüber hinaus wurde mir durch seinen Rat viel praktische Hilfe während der Arbeiten im Gelände zuteil.

Für die zahlreichen Diskussionen, die sich direkt und indirekt mit der dieser Arbeit zugrundeliegenden Themenstellung beschäftigten, habe ich Herrn Prof. Dr. Herbert Liedtke, Herrn Akad. Oberrat Dr. Dieter Glatthaar, Herrn Wiss. Ass. Dr. Johannes Karte, insbesondere Herrn Wiss. Ass. Dr. Karl-Heinz Schmidt zu danken, der mir darüber hinaus Hinweise und Ratschläge bei der kritischen Durchsicht des Textes zuteil werden ließ.

Mein herzlicher Dank gilt ferner:
Herrn Dipl.-Met. Dr. Faust und Herrn Dipl.-Met. Köbke, den Leitern des Wetteramtes Essen, sowie ihren Mitarbeitern für ihre Hilfsbereitschaft bei der Bewältigung des für die Zusammenstellung der Statistiken notwendigen Zahlenmaterials,
Herrn Prof. Dr. Stratmann, Präsident der Landesanstalt für Immissionsschutz, Essen, und seinen Mitarbeitern für das zur Verfügung gestellte SO_2-Nachweisgerät sowie für die Überlassung von Meßdaten,
dem Deutschen Wetterdienst, Wetteramt Frankfurt/Main für die großzügige Unterstützung beim Aufsuchen schwer erreichbarer Literatur,
den Mitarbeitern der Klimastation des Kahlen Astens,
dem Leiter der Klimastation Lüdenscheid, Herrn Stud.-Dir. Giedinghagen, dessen zusätzliche Aufzeichnungen vor allem für die Auswertung der Inversionswetterlage vom Dezember 1962 einen großen Gewinn darstellten,
Frau Dipl.-Phys. Ratzki, Technischer Überwachungsverein Rheinland, Essen, für die Überlassung zahlreicher Ergebnisse aus lufthygienischen Untersuchungen,
Herrn Prof. Dr. H.-W. Georgii, Universität Frankfurt/Main, für die Überlassung einer unveröffentlichten Diplomarbeit,
Herrn Dr. V. Kroesch, Bundesforschungsanstalt für Raumordnung und Landeskunde, Bonn, für die freundliche Einsichtnahme in eigene unveröffentlichte Arbeiten,
Herrn Prof. Dr. med. Althaus und Herrn Dr. Riedel, Gesundheitsamt des Ruhrgebietes, Gelsenkirchen, für die Überlassung schwer zugänglichen Datenmaterials über die Smogperiode vom Dezember 1962,
Herrn Prof. Dr. med. Ulmer, Berufsgenossenschaftliche Krankenanstalten Bergmannsheil, Bochum, für Hinweise zur Lösung bioklimatischer Probleme,
Herrn Prof. Dr. W. Rutz und Herrn Akad. Oberrat Dr. G. Duckwitz, Geographisches Institut der Ruhr-Universität Bochum, für fruchtbare Diskussionen zur Darstellung verkehrsgeographischer Sachverhalte.

Ferner gilt mein Dank Herrn D. Rühlemann und seinen Mitarbeiterinnen Frl. Tomaschewski und Frl. Hahn für die präzis angefertigten Diagramme und Karten sowie für die druckfertige Gestaltung der Arbeit, Frau Ch. Brüninghaus für die Ausführung fototechnischer Arbeiten, Frau G. Stein und Herrn W. Gosda für die Analyse der Luftproben,
Frau B. Jacubzig für die sorgfältige Anfertigung der Reinschrift.

Darüber hinaus danke ich den Herausgebern der "Bochumer Geographischen Arbeiten" für die Aufnahme der Dissertation in ihre Schriftenreihe und dem Geographischen Institut der Ruhr-Universität Bochum für die großzügige finanzielle Unterstützung.

Nicht zuletzt gilt mein Dank Fräulein Christina Theiß für ihre aufopfernde Begleitung auf den zahlreichen Meßfahrten sowie für die mühevolle Reinzeichnung der Diagramme und Karten. Herrn Stud.-Dir. Wilhelm Theiß und meinem Vater danke ich für die mannigfaltige Hilfe bei der Durchsicht des Manuskriptes.

Ich widme diese Arbeit meinen Eltern, denen ich für ihre vielfache Unterstützung großen Dank schulde.

Bochum, im November 1979　　　　　　　　　　　　　　　　　　　　　　　　　Wilhelm Kuttler

Inhaltsverzeichnis

		Seite
1.	Einleitung und Problemstellung	1
2.	Anthropogene Luftverunreinigungen	2
2.1	Bestandteile verunreinigter Luft	2
2.2	Zeitliche Verbreitung	3
2.3	Räumliche Verbreitung	5
2.3.1	Das Ruhrgebiet als luftverschmutzter Ballungsraum	5
3.	Einfluß meteorologischer Steuerungsparameter auf die Luftverunreinigungen	8
3.1	Ursachen akut auftretender Schadstoffbelastungen	9
3.1.1	Einfluß der Windgeschwindigkeit auf die Ausbreitung von Luftverunreinigungen	9
3.1.2	Einfluß der vertikalen Temperaturschichtung auf die Ausbreitung von Luftverunreinigungen	12
3.1.2.1	Bodeninversionen	14
3.1.2.2	Höheninversionen	16
4.	Zur Charakterisierung des Inversionsverhaltens über dem Ruhrgebiet	18
4.1	Jährliche Häufung und Jahresgang von Inversionen	19
4.2	Höhenlage der Inversionsgrenzen	21
4.2.1	Inversionsuntergrenzen	21
4.2.2	Inversionsobergrenzen	24
4.3	Häufigkeit von zwei Inversionen pro Aufstieg	25
4.4	Bodeninversionen	27
4.5	Schichtdicke der Inversionen	28
4.6	Stärke der Inversionen	31
4.7	Abhängigkeit der Inversionsstärke von der Inversionsmächtigkeit	34
4.8	Mehrtägige Inversionen	35
4.9	Zusammenfassende Diskussion der Ergebnisse	39
5.	Austauscharme und gesundheitsgefährdende Wetterlagen	41
5.1	Begriff und Definition	41
5.2	"Smog" als Kennzeichen austauscharmer gesundheitsgefährdender Wetterlagen	43
5.3	Zur Analyse von Smogperioden	45
5.3.1	Charakteristika und Auswirkungen auf die menschliche Gesundheit	45
5.3.2	Die Smogperiode Anfang Dezember 1962 im Ruhrgebiet	49
5.3.2.1	Klimatologische Voraussetzungen	53
5.3.2.1.1	Die Großwetterlage	53
5.3.2.2	Klimatologische Ursachen	55
5.3.2.2.1	Windstärke und Windrichtungen	55
5.3.2.2.2	Zur Höhenlage der Temperaturinversionen	59
5.3.2.3	Zusammenbruch der Smogperiode	65

		Seite
6.	Analyse der Inversionswetterlage Anfang Dezember 1962 im Sauerland	67
6.1	Vergleich der Tagesgänge der Lufttemperaturen	67
6.2	Auswertung der Temperaturdifferenzen zwischen dem Kahlen Asten und den Vergleichsstationen	70
6.3	Die Sonderstellung der Station Lüdenscheid	73
6.4	Temperaturvergleich zwischen den Klimastationen Lüdenscheid/Kahler Asten und den Radiosondenstationen Köln und Hannover	74
6.5	Anwendung der Beobachtungsergebnisse zur Abgrenzung potentieller Erholungsgebiete	77
6.5.1	Auswertung eigener Meßergebnisse bzw. Meßfahrten	80
6.5.1.1	Auswertung der Ergebnisse vom 22./23.12.1976	81
6.5.1.2	Auswertung der Ergebnisse vom 5.1.1977	82
6.5.1.3	Auswertung der Ergebnisse vom 18. bis 21.12.1977	83
6.5.1.4	Auswertung der Ergebnisse vom 18.2.1978	84
6.6	Potentielle Erholungsgebiete im Sauerland während gesundheitsgefährdender Wetterlagen im Ruhrgebiet	86
6.6.1	Lage	86
6.6.2	Erreichdauer der potentiellen Erholungsgebiete	87
6.6.3	Bioklimatische Auswirkungen austauscharmer Wetterlagen auf potentielle Erholungsgebiete im Sauerland	88
6.6.3.1	Der strahlungsabhängige Wirkungskomplex	89
6.6.3.2	Der luftchemische Wirkungskomplex	90
6.6.3.3	Der thermische Wirkungskomplex	91
7.	Zusammenfassung der Ergebnisse	93
	Summary	95
8.	Literaturverzeichnis	96
9.	Tabellen	Anhang

Verzeichnis der Abbildungen

		Seite
Abb. 1 :	Jahresgang der Schwefeldioxidkonzentration an einer Stadtstation	4
Abb. 2 :	Tagesgang der Schwefeldioxidkonzentration an einer Stadtstation im Sommer und Winter	5
Abb. 3 :	Belastungsgebiete in Nordrhein-Westfalen	7
Abb. 4 :	Abhängigkeit relativer Schwefeldioxidkonzentrationen von der Windgeschwindigkeit	9
Abb. 5 :	Anzahl von Schwachwindperioden verschiedener Andauer in sieben Städten der Bundesrepublik Deutschland	11
Abb. 6 :	Auf- und Abbau einer Bodeninversion	15
Abb. 7 :	Mittägliche Inversionshäufigkeit der einzelnen Jahre	19
Abb. 8 :	Jahresgang der mittäglichen Inversionshäufigkeit	20
Abb. 9 :	Häufigkeitsverteilung der Inversionsuntergrenzen	21
Abb. 10 :	Verlauf der Summenprozentkurven der Inversionsuntergrenzen	22
Abb. 11 :	Monatliche prozentuale Verteilung der Höhenlage der Inversionsuntergrenzen (geglättet)	23
Abb. 12 :	Häufigkeitsverteilung der Inversionsobergrenzen	24
Abb. 13 :	Monatliche prozentuale Verteilung der Höhenlage der Inversionsobergrenzen (geglättet)	25
Abb. 14 :	Jahresgang der zweiten Inversion in den unteren 1.000 m der Atmosphäre	26
Abb. 15 :	Häufigkeitsverteilung der Höhenlage der zweiten Inversion	26
Abb. 16 :	Jahresgang der Bodeninversionen	27
Abb. 17 :	Verlauf der Summenprozentkurve der Inversionsobergrenzen bei Vorherrschen von Bodeninversionen	28
Abb. 18 :	Prozentuale Verteilung der Schichtdicken	29
Abb. 19 :	Vergleich der Summenprozentkurven der Inversionsschichtdicken für das Sommer- und Winterhalbjahr	29
Abb. 20 :	Häufigkeitsverteilung von Inversionsschichtdicken bei unterschiedlichen Höhenlagen der Inversionsuntergrenzen	31
Abb. 21 :	Mittlere monatliche Temperaturgradienten aller Inversionsschichtdicken in K	32
Abb. 22 :	Prozentuale Häufigkeitsverteilung von Inversionsschichtdicken in Abhängigkeit verschiedener Temperaturgradienten	34
Abb. 23 :	Anzahl ein- und mehrtägiger Inversionen	36
Abb. 24 :	Mittlerer Wiederholungszeitraum ein- und mehrtägiger Inversionen	37
Abb. 25 :	Jahresgang ein- und mehrtägiger Inversionen	38

		Seite
Abb. 26 :	Todesfälle im Ruhrgebiet, im Regierungsbezirk Arnsberg und Münster vom 1.11. bis 31.12.1962	48
Abb. 27 :	Verlauf der Schwefeldioxidkonzentrationen an den Stationen Gelsenkirchen-Rotthausen und Gelsenkirchen-Horst für den Zeitraum vom 3. bis 9.12.1962	51
Abb. 28 :	Luftdruckverteilung über Mitteleuropa für die Zeit vom 2. bis 7.12.1962	54
Abb. 29 :	Tagesgang der Windstärke an den Klimastationen im Sauerland für den Zeitraum vom 1. bis 10.12.1962	56
Abb. 30 :	Mittlere Bodenwindrichtungen im Rhein-Ruhr-Raum für die Zeit vom 3. bis 6.12.1962	58
Abb. 31 :	Vertikalschnitt durch die Atmosphäre Südirland-Westdeutschland am 1. Dezember 1962	59
Abb. 32 :	Lufttemperaturen über Köln vom 1. bis 9. Dezember 1962	60
Abb. 33 :	Höhenlage der Inversionsgrenzen über Köln und Hannover zwischen dem 1. und 10.12.1962	61/62
Abb. 34 :	Lage der Inversionsgrenzen über Köln und Hannover zum 12 Uhr GMT-Termin für den Zeitraum vom 1. bis 8.12.1962	64
Abb. 35 :	Tagesgang der Lufttemperaturen an den Klimastationen des Untersuchungsgebietes für den Zeitraum 1. bis 10.12.1962	69
Abb. 36 :	Temperatur-Höhenkurve für das Sauerland	79
Abb. 37 :	Lage der Thermohygrographenstationen im Sauerland	81
Abb. 38 :	Tagesmittel- und Tageshöchstwerte an Schwefeldioxid in Oberhausen und Essen für die Zeit vom 10.2. bis 25.2.1978	85
Abb. 39 :	Höhenverteilung von Staub und Kondensationskernen bei der Inversionslage am 9.1.1950 am Südtaunus	90
Karte	Potentielle Erholungsgebiete im Sauerland	Anhang

Verzeichnis der Tabellen

		Seite
Tab. 1 :	Vergleich zwischen einer "unbelasteten" und "belasteten" Atmosphäre	3
Tab. 2 :	Prozentuale monatliche Häufigkeitsverteilung verschiedener Temperaturgradientenklassen für alle Inversionsschichtdicken (γ in K/100 m)	33
Tab. 3 :	Gegenüberstellung der charakteristischen Kennzeichen und Wirkungen von Los Angeles-Smog und London-Smog	43
Tab. 4 :	Perioden starker Luftverschmutzung	46
Tab. 5 :	Maxima- und Minimawerte der SO_2-Konzentrationen in mg/m^3 für die Zeit vom 3. bis 8.12.1962	50
Tab. 6 :	Vergleich der mittleren Windstärke in Beaufort für die Zeit der Smogperiode vom 3. bis 10.12.1962	57
Tab. 7 :	Angaben zur Lage der Klimastationen im Untersuchungsraum	68
Tab. 8 :	Differenzen der Tagesmitteltemperaturen zwischen dem Kahlen Asten und den Vergleichsstationen ($t_{K.A.} - t_{V.S.}$) für die Zeit vom 1. bis 10.12.1962 (in K)	70
Tab. 9 :	Temperaturdifferenzen in K zwischen dem Kahlen Asten und den Vergleichsstationen ($t_{K.A.} - t_{V.S.}$) für die Zeit vom 1. bis 10.12.1962 für die drei klimatologischen Termine (7, 14, 21 Uhr)	72
Tab. 10 :	Vergleich der Tagesmittel der Temperatur, der relativen Luftfeuchte und der Sichtweiten für den 4. und 5.12.1962 zwischen dem Kahlen Asten/Lüdenscheid und den Vergleichsstationen	74
Tab. 11 :	Korrelationen der Lufttemperaturen zwischen den Werten der Klimastationen Kahler Asten/Lüdenscheid und den höhenlagenäquivalenten Werten der Radiosondenstationen Köln und Hannover	75
Tab. 12 :	Ergebnisse der Meßfahrt am 21.12.1977	84
Tab. 13 :	Potentielle Erholungsgebiete bei austauscharmen Wetterlagen	87
Tab. 14 :	Mittlere Abkühlungsgröße der Stationen Kahler Asten und Lüdenscheid für die Zeit vom 1. bis 10.12.1962	92
Tab. 15 :	Häufigkeitsverteilung aller Inversionsuntergrenzen bis 1000 m ü. NN. (Radiosondenwerte Essen 1966 - 1976)	Anhang
Tab. 16 :	Häufigkeitsverteilung der Höhenlagen der Inversionsuntergrenzen nach Jahren	"
Tab. 17 :	Häufigkeitsverteilung der Höhenlage der Inversionsobergrenzen nach Jahren	"
Tab. 18 :	Höhenlage der jeweils zweiten Inversion (Untergrenze)	"
Tab. 19 :	Höhenlage und Verteilung von Inversionsobergrenzen bei Vorherrschen von Bodeninversionen	"
Tab. 20 :	Prozentuale Häufigkeitsverteilung aller Inversionsschichtdicken im Sommer- und Winterhalbjahr	"
Tab. 21 :	Häufigkeitsverteilung der Schichtdicken aller Inversionen nach Jahren	"
Tab. 22 :	Häufigkeitsverteilungen von Inversionsschichtdicken (Bereich 100 - 500 m) bei unterschiedlichen Höhenlagen der Inversionsuntergrenzen	"

		Seite
Tab. 23 :	Mittlere monatliche Temperaturgradienten nach Jahren für alle Inversionsschichtdicken (K/100m)	Anhang
Tab. 24 :	Mittlere Temperaturgradienten (K/100m) für alle Inversionsschichtdicken nach Jahren	"
Tab. 25 :	Häufigkeitsverteilung von Inversionsschichtdicken bei verschiedenen Temperaturgradientenklassen ($0\ K \leq \gamma \leq 1\ K$ und $-1\ K < \gamma \leq -2\ K$)	"
Tab. 26 :	Dauer und Anzahl aller Inversionen an aufeinanderfolgenden Tagen für alle Höhenlagen bis 1000 m ü. NN.	"

1. Einleitung und Problemstellung

Industrielle Ballungsgebiete besitzen aufgrund ihrer intensiven räumlichen Verflechtung zwischen einer hohen Besiedlungsdichte und abgasemittierenden Industrien auf lufthygienischem Gebiet folgende Gemeinsamkeiten:

Die bodennahen Luftschichten müssen einerseits als Aufnahme-, Träger- und Austauschmedium gas- und partikelförmiger luftfremder Schadstoffe unterschiedlicher Qualität und Quantität dienen, sollen andererseits aber auch eine permanente Versorgung lebensnotwendiger, sauberer Atemluft für die Bevölkerung gewährleisten.

Die sowohl durch die Bebauungsdichte als auch durch die Veränderung der Atmosphäre verursachte Modifikation fast aller Klimaelemente, die unter dem Begriff des "Stadtklimas" zusammengefaßt wird (25; 26; 73; 77; 78), beeinflußt in unterschiedlichem Maße die Biosphäre der städtischen Bevölkerung (94).

Hierbei stellen die Luftverunreinigungen der unterschiedlichsten Quellengruppen innerhalb dicht bebauter Agglomerationszentren einen "wesentlichen Teil" des in bioklimatischer Hinsicht bedeutungsvollen "luftchemischen Wirkungskomplexes" dar (27; S. 253). Denn diese durch die menschliche Produktivität immer wieder neu an die Atmosphäre abgegebenen Fremdstoffe, die zwar fortlaufend der Biosphäre durch Verdünnung und Abtransport entzogen werden, führen - einem Fließgleichgewicht entsprechend - zu der als Dauer- bzw. Grundbelastung bekannten Höhe der Schadstoffkonzentrationen.

Ihre Auswirkungen auf den menschlichen Organismus liegen im Bereich der Belästigung bzw. Belastung, können aber dann zu einer akuten Gesundheitsgefährdung, ja sogar Lebensbedrohung werden, wenn durch eine plötzliche Veränderung der meteorologischen Parameter ein drastischer Anstieg der Schadstoffkonzentrationen über eine geraume Zeit erfolgt.

Diese episodisch auftretenden hohen Belastungsspitzen luftfremder Stoffe, die durch austauscharme Wetterlagen verursacht werden können, wurden als Smogperioden bzw. Smogkatastrophen in den verschiedensten großen Industriegebieten Mitteleuropas und auch Nordamerikas bekannt.

Durch ihren Aufbau und ihre Weitflächigkeit weisen solche Wetterlagen einen äußerst markanten, von der Höhenlage abhängigen Witterungsantagonismus auf, der sich in der Ausbildung einer durch Abgase und Staub bodennah verschmutzten stabilen Kaltluftschicht und einer darüberliegenden, durch eine Temperaturumkehr getrennten sauberen Warmluftschicht äußert. Diese zur gleichen Zeit auftretende bioklimatische Gegensätzlichkeit während solcherart gesundheitsgefährdender Wetterlagen soll am Beispiel des größten mitteleuropäischen Industriezentrums, des Ruhrgebiets, und des häufig als Erholungslandschaft genutzten Sauerlands untersucht werden.

Neben der Diskussion lufthygienischer Einflußgrößen auf den Menschen erfolgt eine Analyse derjenigen Faktoren, die eine Austauschbehinderung verursachen. Hierbei wird insbesondere das Verhalten von Temperaturinversionen exemplarisch für den Raum des Ruhrgebietes untersucht und dargestellt, weil anomale stabile Temperaturschichtungen als wesentliche vertikale Austauschbegrenzungen bei jeder Smogperiode beobachtet werden können. Darüber hinaus wird das Problem der gleichzeitig auftretenden höhenlagenabhängigen Witterungsgegensätzlichkeit für das ruhrgebietsnahe Sauerland untersucht und die Frage diskutiert, welche Höhenlagen dann als Erholungsgebiete in sauberer Luft empfohlen werden können, wenn im Ruhrgebiet eine 'Smogwetterlage' vorherrscht.

2. Anthropogene Luftverunreinigungen

2.1 Bestandteile verunreinigter Luft

Trockene troposphärische Luft wird ihrer chemischen Zusammensetzung nach als ein aus mehreren Komponenten bestehendes Gasgemisch aufgefaßt, in dem partikelförmige und flüssige Schwebestoffe (Luftplankton bzw. Aerosolteilchen im Sinne von MÖLLER (91)) dispers verteilt sind.

Während die Aerosole (Durchmesser $5 \cdot 10^{-2}$ um bis 10 μm) natürlicher oder künstlicher (anthropogener) Herkunft sind und entweder aus anorganischen oder organischen Prozessen hervorgehen, kann für eine Differenzierung des Gasgemisches trockener Luft das zeitlich wechselnde Konzentrationsverhältnis ihrer Einzelkomponenten als Unterscheidungskriterium zugrunde gelegt werden (116; S. 14):

Hierbei nehmen die "permanenten Gase etwa gleichbleibender Konzentration" (Stickstoff und Sauerstoff) mit über 99 Volumenprozent den überwiegenden Teil ein, während der Gehalt stratosphärischen Ozons und des Wasserdampfes als "permanente Gase unterschiedlicher Konzentration" z.B. auch breitenlagenbedingt starken Schwankungen unterlegen ist. In der Gruppe der "nicht permanenten Spurengase" werden u.a. die anthropogenen, episodisch und periodisch auftretenden gasförmigen Luftverunreinigungen zusammengefaßt.

Gas- und auch die partikelförmigen Luftverunreinigungen werden im Sinne der Technischen Anleitung zur Reinhaltung der Luft (123, S. 1) als "Veränderungen der natürlichen Zusammensetzung der Luft, insbesondere durch Rauch, Ruß, Staub, Gase, Aerosole, Dämpfe oder Geruchsstoffe" aufgefaßt.

Als E m i s s i o n e n gelangen diese Stoffe in die Außenluft und können dann als I m m i s s i o n e n auf verschiedene Akzeptoren (z.B. Mensch, Tier, Pflanze, Materialien) unterschiedlich stark einwirkend, unter bestimmten Bedingungen belästigend oder schädigend, in der Biosphäre auftreten. Es handelt sich hierbei in der Mehrzahl um aus Verbrennungsvorgängen stammende Stoffe, unter denen man etwa 300 verschiedene chemische Verbindungen zusammenfaßt, die nach PETRI (101, S. 106) ihrem Auftreten nach in folgenden chemischen Verbindungen vorliegen können:

1. SCHWEFELVERBINDUNGEN: SO_2, SO_3, H_2SO_4, H_2S, CS_2
2. STICKSTOFFVERBINDUNGEN: "nitrose Gase" (NO, NO_2, N_2O_3, N_2O_4, NH_3), Salpetersäure (HNO_3)
3. KOHLENMONOXID (CO)
4. HALOGENE und HALOGENVERBINDUNGEN: Chlor-, Brom- sowie Fluorverbindungen (z.B. HF, SiF_4, H_2SiF_6 und ihre Salze, HCl)
5. FLÜCHTIGE ALIPHATISCHE UND AROMATISCHE KOHLENWASSERSTOFFE UND IHRE OXYDATIONSPRODUKTE (z.B. Aldehyde, Ketone, Säuren, Peroxyde)
6. VERSCHIEDENARTIGE BELÄSTIGENDE STOFFE MIT INTENSIVEREM GERUCH (z.B. Amine, Merkaptane, Buttersäure, Pyridin)
7. ANORGANISCHE STÄUBE (Verbindungen von Blei, Eisen, Mangan, Chrom, Kupfer, Nickel, Vanadium, Beryllium, Zink, Arsen, Molybdän, Selen, Silizium u.a.)
8. RUSS und ORGANISCHE PRODUKTE (z.B. polyzyklische aromatische Kohlenwasserstoffe wie das krebserzeugende 3,4 - Benzpyren (110))
9. ABRIEB VON TEER- und ASPHALTSTRASSEN SOWIE VON AUTOREIFEN

   sowie zusätzlich

   OXYDANTIEN wie z.B. das Ozon (O_3), einer allotropen Modifikation des Sauerstoffs.

Um aus dem breiten Spektrum der verschiedensten gasförmigen Luftverunreinigungen, die in einem Gebiet vorherrschen, möglichst einheitlich die Luftgüte auch zu Vergleichszwecken bestimmen und beurteilen zu können, greift man auf einen Luftverschmutzungsindikator zurück. Hierbei handelt es sich um ein sog. Leitgas, das unter den als Luftverunreinigungen bekannten Giftgasen häufig auftritt und für diese sehr charakteristisch ist. Weit verbreiteter Indikator ist so z.B. das durch den Verbrauch fossiler Brennstoffe in großen Mengen entstehende Schwefeldioxid.[1] Aber auch Ozon (O_3) und Kohlenmonoxid (CO) werden in Abhängigkeit von der Standortlage der Emittenten als Qualitätskriterien zur Angabe der Luftgüte herangezogen.

Die Verbreitung und die Konzentrationsstärke der einzelnen Schadstoffe unterliegen dabei standortgebundenen, zeitlichen aber auch meteorologischen Faktoren. Zu orientierenden Vergleichszwecken lassen sich jedoch trotz dieser vorgegebenen Unterschiede beispielhaft die Immissionskonzentrationen einer "belasteten" und einer "unbelasteten" Atmosphäre gegenüberstellen, wie es Tabelle 1 zeigt. Besonders an den Konzentrationsstärken des Schwefeldioxids, der Kohlenoxide und der Staubgehalte wird die starke Schadstofferhöhung in verunreinigter Luft deutlich. Man erkennt ferner aber auch die relativ große Schwankungsbreite, innerhalb der einzelne Schadstoffkomponenten auftreten können. Das Übermaß der Luftverunreinigungen in belasteten industriellen Agglomerationszentren um Konzentrationserhöhungen, die im Falle des SO_2 bis zum über 500fachen des Wertes einer unbelasteten Atmosphäre ansteigen können, wird an Tabelle 1 deutlich.

Tabelle 1: Vergleich zwischen einer "unbelasteten" und "belasteten" Atmosphäre (unter vorwiegender Verwendung von GEORGII (36))

Spurenstoff	unbelastet	belastet	Erhöhung um den Faktor
Staub	0,01 - 0,02 mg/m^3	0,07 - 0,7 mg/m^3	7 - 35
Schwefeldioxid	0,001 - 0,01 mg/m^3	0,05 - 5,2 mg/m^3	50 - 520
Kohlendioxid	310 - 330 ppm	350 - 700 ppm	1,1 - 2,1
Kohlenoxid	1 ppm	5 - 200 ppm	5 - 200
Stickoxide	0,001 - 0,01 ppm	0,01 - 0,1 ppm	10
Kohlenwasserstoffe (gesamt)	1 ppm	2 - 20 ppm	2 - 20

2.2 Zeitliche Verbreitung

Hohe Schadstoffanreicherungen, wie sie beispielhaft in der o.g. Tabelle 1 zusammengefaßt sind, treten in industriellen Ballungsgebieten nicht ununterbrochen in gleichhoher Konzentrationsstärke auf, sondern unterliegen i.a. einer charakteristischen Jahres- und Tagesperiodik, wie anhand der Abbildungen 1 und 2 am Beispiel des Schwefeldioxids verdeutlicht wird.

Abbildung 1 zeigt den Jahresverlauf an einer Stadtstation (Gelsenkirchen, Meßzeit 1967 - 1972; gezeichnet nach Angaben von RÖNICKE & KLOCKOW (107, S. 28)) mit den jeweiligen Schwankungsbreiten. Deutlich lassen sich die im Sommerhalbjahr niedrigeren SO_2-Konzentrationen (Mittelwert im Sommerhalbjahr: 0,13 mg SO_2/m^3) von den höheren Werten im Winterhalbjahr (Mittelwert im Winterhalbjahr: 0,23 mg SO_2/m^3) unterscheiden.

---

[1] Hierzu muß mit OLSCHOWY (97, S. 208/209) angemerkt werden, "daß die absolute Emission (an SO_2) mit 33 Volumenprozent (Werte bezogen auf Emissionen gasförmiger Luftverunreinigungen im Ruhrgebiet) zwar weit hinter der des Kohlenmonoxids (mit vergleichsweise 56 Volumenprozent) zurückbleibt, aber bei Berücksichtigung des Wirkungspotentials das SO_2 das bedeutendste anorganische Gas in allen Regionen darstellt".

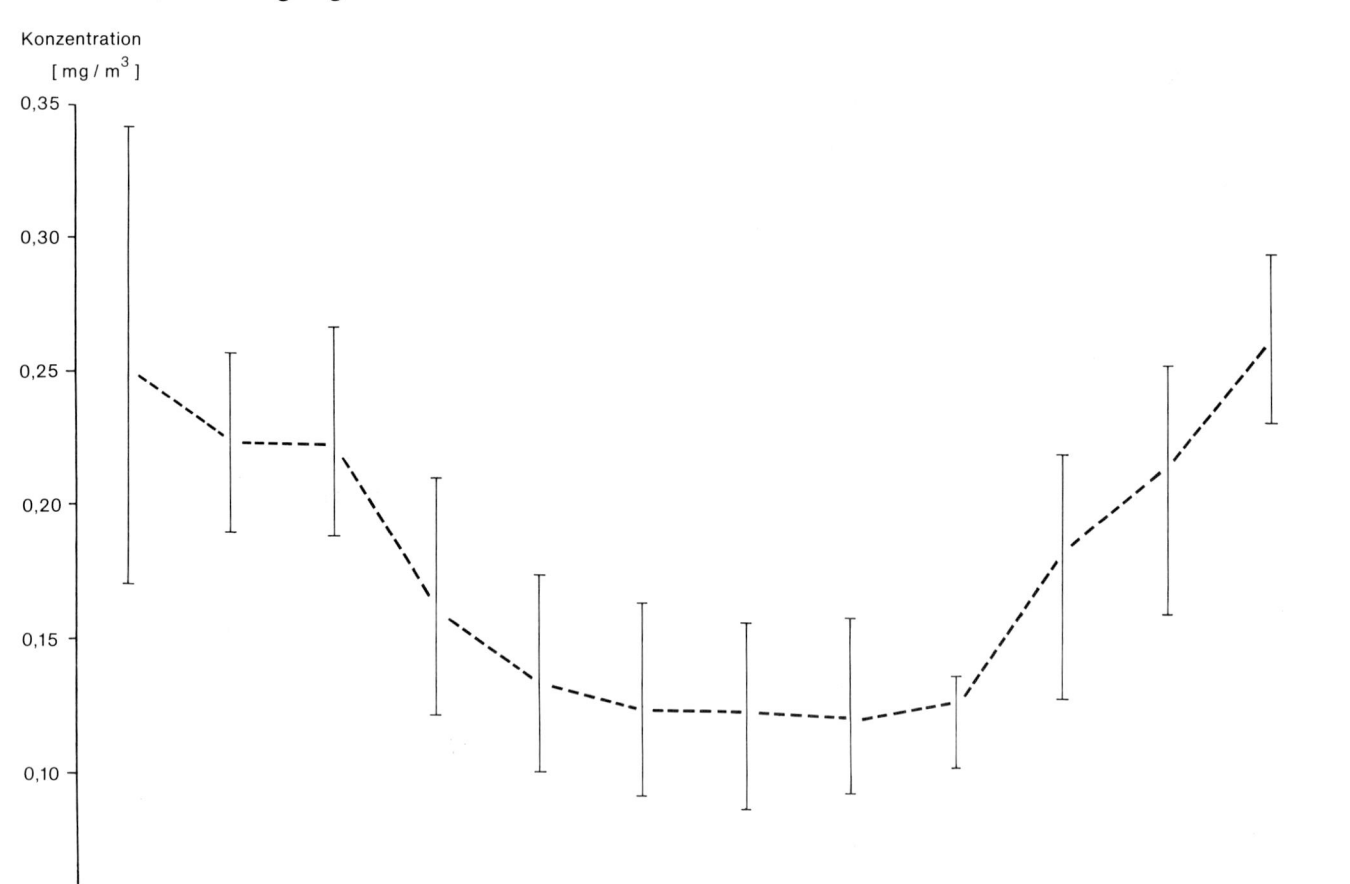

Abb. 1 Jahresgang der Schwefeldioxidkonzentration an einer Stadtstation

Konzentration [mg/m³]

Zeit: Jan., Febr., März, April, Mai, Juni, Juli, Aug., Sept., Okt., Nov., Dez.

Der Grund für die im Durchschnitt beinahe doppelt so hohen Konzentrationen während des Winterhalbjahres wird darin gesehen, daß zu den ganzjährig emittierenden Industriebetrieben zusätzlich eine Belastung durch die aus niedrigen Quellhöhen stammenden Hausbrandabgase während der kalten Jahreszeit auftritt. Darüber hinaus herrscht in den Wintermonaten u.a. aufgrund der weniger intensiven Sonneneinstrahlung ein verminderter Austausch der bodennahen Schichten mit den höheren Luftschichten vor.

Abbildung 2 stellt die Konzentrationsverläufe des Schwefeldioxids im Tagesgang für Sommer und Winter dar.[1)2)]

In den Wintermonaten läßt sich - einer Doppelwelle vergleichbar - sowohl in den Vormittags- und Mittags- als auch in den Abendstunden jeweils ein mehr oder weniger lang ausgeprägtes deutliches Konzentrationsmaximum erkennen, während die niedrigsten Konzentrationen in den frühen Morgenstunden auftreten. Zu diesem Zeitpunkt besitzen jene jedoch noch annähernd die gleiche Stärke wie sie während des Konzentrationsmaximums im Sommer erreicht wird.

---

1) Verkehrsbedingte Immissionen wie z.B. das CO zeigen vergleichbare, jedoch überwiegend von der jeweils auftretenden Verkehrsdichte abhängige Konzentrationsverläufe; das Auftreten des aus unverbrannten Kohlenwasserstoffen entstehenden Ozons ist dagegen von der Einstrahlungsintensität abhängig.

2) Modifizierte, aber ähnliche Tagesgänge können durch unterschiedlich starkes Vorherrschen entweder von Industrie- oder Hausbrandemissionen auftreten.

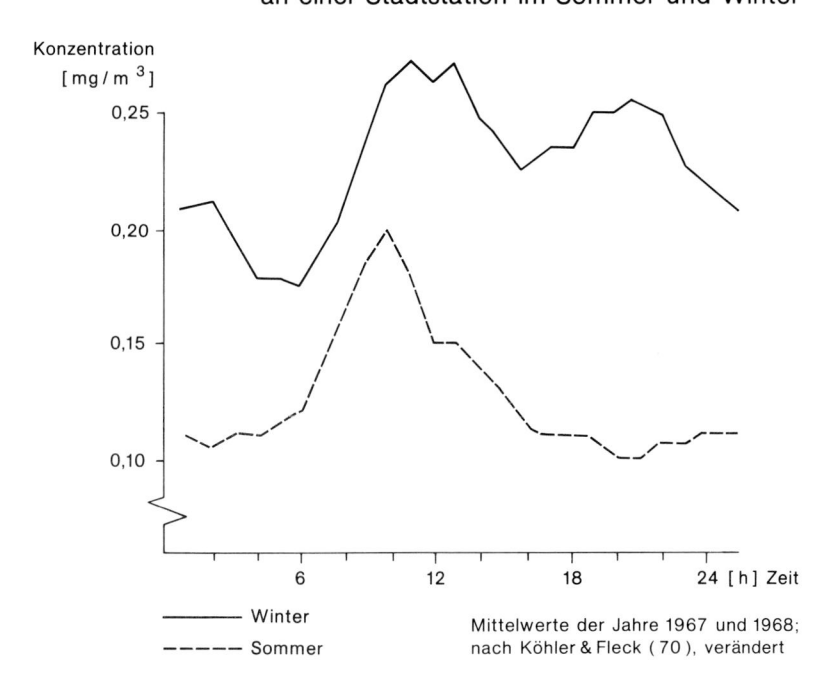

Abb. 2 Tagesgang der Schwefeldioxidkonzentration an einer Stadtstation im Sommer und Winter

Konzentration [mg/m^3]

—— Winter
----- Sommer

Mittelwerte der Jahre 1967 und 1968;
nach Köhler & Fleck (70), verändert

Die Entstehung der Konzentrationsspitzen im Winter wird einerseits auf den morgendlichen Arbeitsbeginn in der Industrie und die Zunahme des Hausbrandes zurückgeführt, andererseits aber auch auf die nur zögernd einsetzende vormittägliche Austauschbelebung sowie deren erneuter Behinderung nach Sonnenuntergang.

Dabei liegen die nächtlichen Konzentrationen im Mittel ca. 20% unter denen des Tages (102). Im Sommer dagegen lassen sich aufgrund der fehlenden Hausbrandemissionen und der besseren Austauschverhältnisse wesentlich niedrigere Immissionskonzentrationen beobachten; darüber hinaus tritt in dieser Jahreszeit ein abendliches zweites Konzentrationsmaximum aufgrund der größeren Tageslänge nicht auf.

2.3 Räumliche Verbreitung

2.3.1 Das Ruhrgebiet als luftverschmutzter Ballungsraum

Zur Erfassung und Darstellung der räumlichen Verteilung der Luftverschmutzung fertigte KROESCH (74) für die Verdichtungsräume der Bundesrepublik Deutschland einen "belastungsgeographischen" Überblick unter Zugrundelegung der mittleren jährlichen Schwefeldioxidkonzentrationen an.

Nach seiner differenzierten Analyse der Immissionssituation stellt sich das Ruhrgebiet im Vergleich zu den Agglomerationszentren Hessen-Süd, München, Berlin und Hamburg als flächenmäßig größter durch die Luftverunreinigung belasteter Verdichtungsraum dar.

Die Tatsache, daß - gemessen an der Fläche der Bundesrepublik Deutschland - auf nur 3% des Raumes fast 30% aller Abgase produziert werden (100), führte u.a. zu der Errichtung eines mit modernsten Analysengeräten ausgestatteten Überwachungssystems, das von der Landesanstalt für Immissionsschutz (LIS) betreut wird und durch das eine permanente Kontrolle über Verbreitung und Höhe der verschiedensten Schadstoffkomponenten in den einzelnen Belastungsgebieten des Ruhrgebietes ermöglicht wurde.

Diese in lufthygienischer Hinsicht nach einheitlichen Kriterien[1] festgesetzten Belastungsgebiete sind in Abbildung 3 eingezeichnet.

Unter diesen fünf ausgewiesenen Gebieten stellt sich insbesondere der Belastungsraum Ruhrgebiet-West mit seiner großen Industriedichte als am stärksten luftverschmutzt dar. Auf ca. 8% dieser Fläche[2], die sich etwa im Raum Duisburg - Meiderich - Hamborn - Walsum, aber auch noch anteilig in Rheinhausen und Moers konzentriert, wird die zulässige Dauerbelastung an Schwefeldioxid (entspricht dem Jahresmittelwert, auch Immissionsgrenzwert 1 (IW_1) genannt) von 0,14 mg/m^3 überschritten. Darüber hinaus lassen sich Kurzzeitbelastungen, die oberhalb des Immissionsgrenzwertes 2 (IW_2) von 0,40 mg/m^3 liegen[3], auf sogar 22% der Gesamtfläche des Belastungsgebietes Ruhrgebiet-West ermitteln. Diese Gebiete konzentrieren sich ebenfalls auf den Norden Duisburgs, ziehen sich aber auch noch in einem mehr oder weniger breiten Streifen beiderseits des Rheins bis nördlich Voerde bzw. Rheinberg hin.

Den relativ hohen Schwefeldioxid-Immissionskonzentrationen vergleichbar, kann in den o.g. Gebieten zusätzlich ein relativ starker Staubniederschlag beobachtet werden. So liegen 20% der Fläche des Belastungsraumes im Bereich oberhalb des festgesetzten Immissionsgrenzwertes für Staub von 0,35 $g \cdot m^{-2} \cdot d^{-1}$ (IW_1 = Jahresmittelwert), auf 22% der Fläche wird sogar der maximale monatliche Mittelwert von 0,65 $g \cdot m^{-2} \cdot d^{-1}$ (IW_2) überschritten, wobei darauf hingewiesen werden muß, daß die "Toxizität von SO_2 ... in Gegenwart von Staub potenziert (wird)" (71, S. 163).

Die Hauptemissionsquellen dieses Belastungsraumes rekrutieren sich zu 90% aus Industrieabgasen und Stäuben, während Hausbrand, Kleingewerbe und Straßenverkehr nur zu 10% als Emittentengruppe an der Luftverschmutzung beteiligt sind.

---

1) Eine differenzierte Betrachtung dieser Kriterien findet sich in:
"Luftreinhalteplan Rheinschiene Süd" (Köln) 1977 - 1981 (89, S. 13-14).

2) Diese und die folgenden Daten wurden entnommen:
"Luftreinhalteplan Ruhrgebiet West"(1978 - 1982) (90).
Zur Frage der Immissionsgrenzwerte vgl. (123).

3) Kurzzeitbelastungen dürfen innerhalb eines zweistündigen Meßzeitraumes nur bis zu einer halben Stunde auftreten.

Abb. 3 Belastungsgebiete in Nordrhein-Westfalen

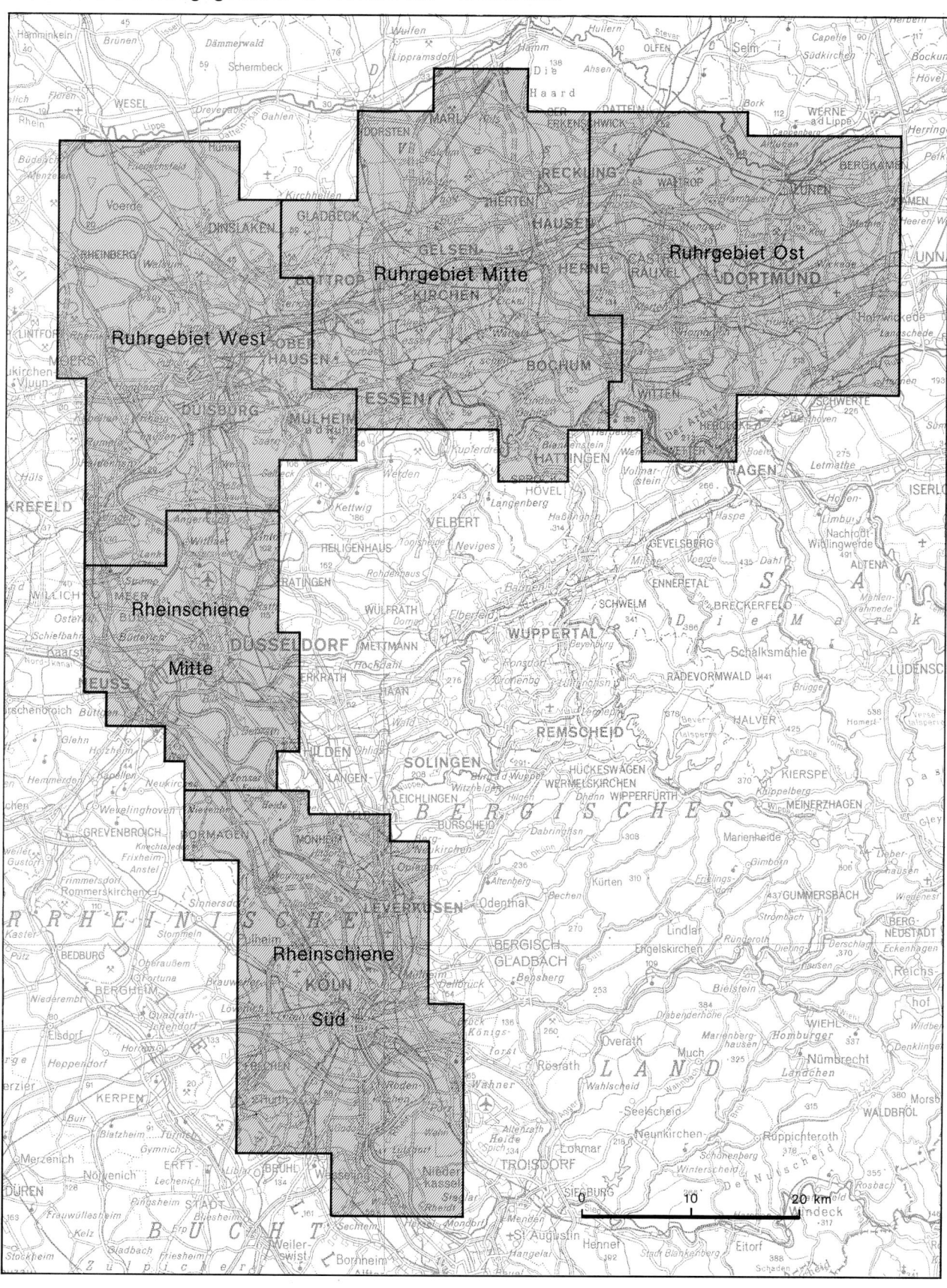

Quelle: Luftreinhalteplan Rheinschiene Süd (Köln) 1977 - 1981.
Ministerium für Arbeit, Gesundheit und Soziales
des Landes NRW (Hrsg.) 1976

Grundlage: Ausschnitt aus SK 500 Ü – N –
Mit Genehmigung des Landesvermessungsamtes NRW
vom 12. 10. 1979, Kontrollnummer D 6351
vervielfältigt durch die Ruhr-Universität Bochum.

3. Einfluß meteorologischer Steuerungsparameter auf die Luftverunreinigungen

Emittierte und damit im bodennahen Luftraum freigesetzte Schadstoffe, die als o.g. mittlere Immissionskonzentrationen permanent auf die Bevölkerung belastend einwirken, unterliegen - der anthropogenen Beeinflussung entzogen - im wesentlichen dem durch die verschiedensten meteorologischen Parameter gesteuerten Austauschverhalten der unteren Troposphäre.

Dabei sind die Steuerfaktoren, die die Höhe der Schadgaskonzentrationen bei unverändert angenommener Emission beeinflussen, vor allem in der Höhe der Windgeschwindigkeit und -richtung, der vertikalen Temperaturschichtung, der Höhe der Lufttemperatur sowie der relativen Luftfeuchte zu suchen.

Vielerorts durchgeführte Untersuchungen haben auf den engen Zusammenhang dieser Faktoren hingewiesen. So konnten KNAUER & NOACK (69, S. 952) z.B. eine Abhängigkeit zwischen der Höhe der Schwefeldioxidkonzentrationen und der Höhe der jeweiligen Lufttemperatur nachweisen.

Ihre Untersuchungen, die während des Sommerhalbjahres durchgeführt wurden und somit keine Beeinflussung durch den "stark temperaturabhängigen Heizvorgang" im Winter erfuhren, machten "eine Abnahme der Überschreitungshäufigkeit bestimmter SO_2-Grenzwerte für höhere Temperaturbereiche" deutlich.

Als Grund wird die mit zunehmender Einstrahlung ansteigende Labilität der bodennahen Luftschichten genannt, die somit für einen erhöhten konvektiven Austausch sorgt.

Ohne daß auf die chemische Veränderung des Schwefeldioxids durch einen unterschiedlichen Luftfeuchtegehalt eingegangen werden soll, ließ sich ferner nachweisen, daß mit einem Anstieg der Luftfeuchtigkeit sowohl im Sommer als auch im Winter eine Erhöhung der SO_2-Immissionsbelastung verbunden ist.
Die Ursache für diese Abhängigkeit wird in der größeren Austauscharmut der unteren Luftschichten bei höheren Luftfeuchtewerten gesehen.
Hohe Luftfeuchtigkeit und Niederschlag können dabei durch den sog. "rain-out" bzw. "wash-out" Effekt auf die Schadstoffkonzentrationen einwirken (40, S. 5007).

Während sich beim rain-out "die Aufnahme von Spurenstoffen innerhalb der Wolke" vollzieht, setzt durch den wash-out ein "Auswaschvorgang unterhalb der Wolkenbasis" ein, wodurch eine starke Konzentrationsabnahme zu beobachten ist.

Einen gewichtigeren Einfluß auf den bestehenden Gehalt von Luftverunreinigungen in der Außenluft als o.g. Einflußgrößen besitzen jedoch die den "reibungs- und konvektionsbedingten" Austausch (114, S. 228) im wesentlichen bestimmenden Faktoren. Hierzu zählen insbesondere der als Horizontalkomponente der Luftbewegung aufzufassende Wind, der mit Zunahme sowohl der Geschwindigkeit als auch der Rauhigkeit der Bodenoberfläche für eine steigende "Reibungsturbulenz" (66, S. 277) sorgt und tagsüber am stärksten ausgebildet ist, sowie die von der täglichen Einstrahlung abhängige Konvektion, die als "thermische Turbulenz" vertikal wirksam werden kann.

Da den unter diesen beiden Begriffen zusammengefaßten Faktoren eine überragende Bedeutung für akute Spitzenbelastungen an Schadstoffen, wie sie während gesundheitsgefährdender Wetterlagen auftreten, zukommt, sollen sie nachfolgend eingehender diskutiert werden.

3.1 Ursachen akut auftretender Schadstoffbelastungen

3.1.1 Einfluß der Windgeschwindigkeit auf die Ausbreitung von Luftverunreinigungen

Der direkte Einfluß der Windgeschwindigkeit auf den Ausbreitungsprozeß anthropogener Schadgase wurde von zahlreichen Verfassern analysiert (39; 44; 50; 69; 95; 105).
Trotz zum Teil großer regionaler und lagebedingter Unterschiede ließ sich dennoch anhand eines Vergleichs der Ergebnisse für SO_2 erkennen, daß i.a. mit einer Zunahme der Windgeschwindigkeit eine Abnahme der Schadgaskonzentration bis zur Höhe der jeweils permanent vorherrschenden Immissionsgrundbelastung verbunden ist.

In Anlehnung an die bei HERBERICH (50, S. 62) verwendete empirisch gefundene Formel, nach der "die maximalen und mittleren SO_2-Immissionen mit wachsender Windgeschwindigkeit (v) annähernd mit $v^{-0,5}$" abnahmen, wurde für eine allgemeine Betrachtungsweise die folgende Abbildung 4 angefertigt.

Hieraus kann man insbesondere die große Einflußnahme der niedrigen Windgeschwindigkeiten ≤ 3 m/s auf den Verdünnungsprozeß der SO_2-Immissionsbelastung erkennen, nimmt doch bis zu diesem Wert die Schadstoffkonzentration bei Zunahme der Windgeschwindigkeit um 1 m/s im Durchschnitt um ca. 20% des Ausgangswertes ab. JOST (58, S. 149) weist im Hinblick auf eine mögliche Vorhersage hoher Schadstoffkonzentrationen in diesem Zusammenhang zu Recht darauf hin, daß "eine geringe Unsicherheit der vorhergesagten Windgeschwindigkeit eine relativ große Unsicherheit der zu erwartenden Konzentration" bedeutet.

Bei weiterem Anstieg der Windstärke nämlich wird deren Einfluß auf die Schadstoffkonzentrationen immer kleiner, so daß bei einer Windzunahme von 5 auf 6 m/s z.B. im Durchschnitt nur noch eine Konzentrationsminderung von ca. 4% zu erwarten ist.
Die für immissionsklimatologische Untersuchungen zu berücksichtigende austauschwirksame "Grenzgeschwindigkeit des Windes" (50, S. 70) liegt somit im Bereich ≤ 3 m/s (50; 95).

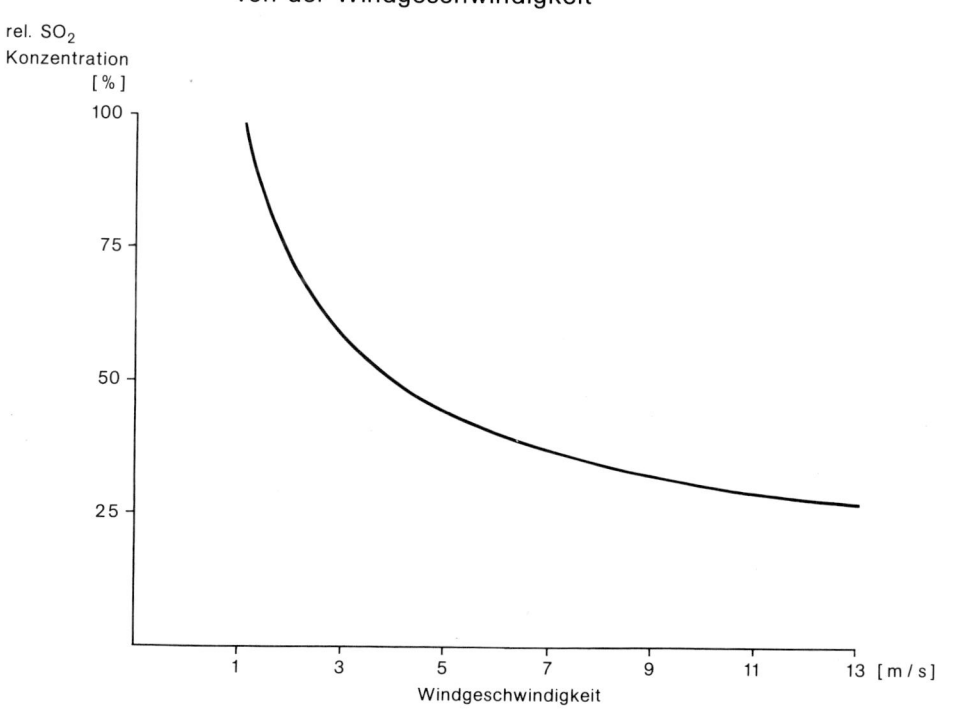

Abb. 4 Abhängigkeit relativer Schwefeldioxidkonzentrationen von der Windgeschwindigkeit

Dieser Wert gilt nach Untersuchungen von BREUER & WINKLER (13) jedoch nur bei Vorherrschen zahlreicher niedriger und mittelhoher "effektiver Quellhöhen"[1]; bei den aus Industrieschornsteinen freigesetzten Abgasen dagegen treten in deren näherer Umgebung die höchsten Immissionskonzentrationen bei Windgeschwindigkeiten zwischen 5 und 6 m/s auf. Mit KLUG (68, S. 410) wird hierin der Einfluß der Turbulenz innerhalb der bodennahen Luftschichten erkannt, der bei abnehmender Windgeschwindigkeit ebenfalls kleiner wird, so daß bei ganz geringen Windstärken allenfalls ein Abdriften der Rauchfahne in Quellhöhe vorliegt, wenn nicht labile Schichtungsverhältnisse für ein weiteres Aufsteigen der Abgase sorgen.

Neben der großen Einflußnahme des Bodenwindes auf die Schadstoffausbreitung weisen GEORGII & HOFFMANN (39) in diesem Zusammenhang ferner auf die Bedeutung des Höhenwindes hin.

Anhand einer Analyse über die Höhe der SO_2-Akkumulation für Hamburg und Gelsenkirchen konnten sie in Anlehnung an MILLER & NIEMEYER (87) zeigen, daß eine Abhängigkeit zwischen der Höhe der Schadstoffkonzentration und der Stärke des Höhenwindes - untersucht für die Druckniveaus 850 mbar, 700 mbar und 500 mbar - vorliegt.

In beiden Städten zeichneten sich nämlich "Wetterlagen, die zu erhöhter SO_2-Konzentration in Bodennähe führten, durch verminderte Höhenwindgeschwindigkeit aus" (39, S. 513).

Wie gezeigt werden konnte, bewirkt ein Abfallen der Windgeschwindigkeit in Bodennähe auf ≤ 3m/s einen ganz erheblichen Anstieg von Schadstoffakkumulationen in Industriegebieten.

In diesem Zusammenhang erscheint es deshalb sinnvoll, unter geographischen Aspekten den Einfluß der Lage verschiedener Verdichtungsräume auf die Häufigkeit und die Dauer von Schwachwindlagen zu untersuchen, um einen Hinweis insbesondere für solche Gebiete zu erhalten, in denen mit einem häufigeren Auftreten geringer Luftbewegungen zu rechnen ist.

Anhand eines von KLUG (89, S. 29) durchgeführten Vergleichs über die Dauer von Schwachwindperioden in sieben lageverschiedenen Städten der Bundesrepublik Deutschland (Abb. 5) lassen sich folgende Ergebnisse feststellen:

Eine deutliche Zunahme ausgeprägter Schwachwindlagen fällt für die in der Niederrheinischen Bucht gelegenen Städte Köln - Bonn und Düsseldorf auf.

Während in Düsseldorf ca. 15 Fälle auftraten, an denen die Windstärke unter 1 Beaufort lag und eine Periodenlänge von bis zu 7 Tagen hatte, wird für die Station Köln - Bonn das häufigere Auftreten windschwacher Lagen (ca. 45 Fälle) mit einer Dauer von 2 bis 5 Tagen erkennbar.

Wie der Abbildung 5 zu entnehmen ist, nehmen von der Küste (Hamburg) zum Landesinnern (Köln, Frankfurt/M.) die Dauer und die Häufigkeit von Schwachwindperioden zu. Dies dürfte von witterungsklimatologischer Seite u.a. darauf zurückzuführen sein, daß der Bereich des norddeutschen Flachlandes in stärkerem Maße von nordatlantischen Tiefausläufern mit ihren Frontensystemen bestimmt wird, während sich der Witterungscharakter des süddeutschen Raumes häufiger durch windschwache Subtropenhochs auszeichnet (44).

Während hierdurch - lagebedingt - die makroklimatischen Voraussetzungen gegeben sind, wirkt sich z.B. im mesoklimatischen Bereich die durch die Orographie verursachte Windbeeinflussung wesentlich nachhaltiger auf die Durchlüftungsmöglichkeiten von Verdichtungsräumen aus (44; 68). Die häufig auftretenden Schwachwindlagen im Köln-Bonner Raum verdeutlichen diesen Sachverhalt.

---

[1] Nach GIEBEL (40, S. 5003) versteht man unter der effektiven Quellhöhe die "Höhe der Rauchfahnenachse über dem Boden, nachdem der thermische Auftrieb der Rauchgase gleich Null geworden ist".

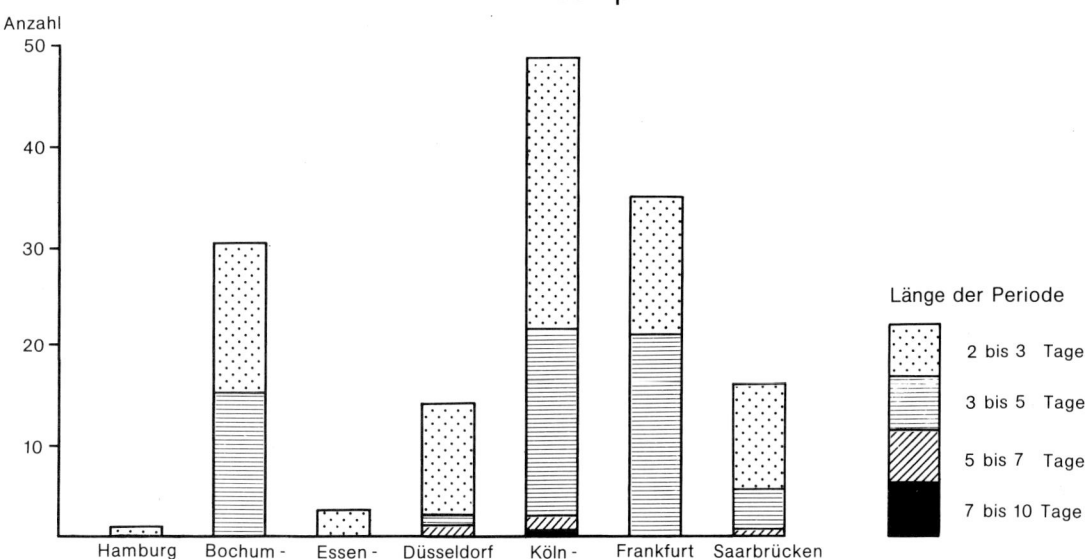

Abb. 5 Anzahl von Schwachwindperioden verschiedener Andauer in sieben Städten der Bundesrepublik[1]

Länge der Periode:
- 2 bis 3 Tage
- 3 bis 5 Tage
- 5 bis 7 Tage
- 7 bis 10 Tage

1) Quelle: KLUG (89, S. 29)

Ausgewerteter Windstärkebereich 0 - 1 Beaufort = 0 - 1,5 m/s;
Beobachtungszeitraum jeweils die Winterhalbjahre 1951 bis 1963 zu allen drei klimatologischen Terminen.

So konnte in Hamburg während des Auswertezeitraums in weniger als drei Fällen eine 2 bis 3 Tage dauernde Schwachwindperiode beobachtet werden, während sich für die übrigen Vergleichsstationen, je nach deren topographischer Lage, ein recht differenziertes Bild ergab.

Bochum verfügt so z.B. schon über 30 Fälle, die sich durch ein Vorherrschen einer Windgeschwindigkeit von ≤ 1,5 m/s für die Dauer von 2 bis 5 Tagen auszeichnen.
Deutlich seltenere und kürzer dauernde Schwachwindlagen traten dagegen in Essen-Mülheim auf. Dieser bei relativ geringer Entfernung der beiden Städte große Unterschied wird mit der "stärkeren Bewindung erhöhter Lagen" (68, S. 415) begründet.

Anhand dieses Vergleichs zeigt sich m.E. schon recht deutlich, daß bei einer relativ geringen Reliefenergie der Oberflächenformen, wie sie im Ruhrgebiet auftritt, mit relativ großen Unterschieden in der Immissionssituation auf kleinem Raum gerechnet werden muß.
Darüber hinaus treten hier in etwa vier Fällen Extremsituationen auf, in denen eine Dauer der Austauschbehinderung aufgrund mangelnder Durchlüftung von 5 bis 10 Tagen festgestellt werden konnte.

Auch Frankfurt/M. als Teilgebiet des südhessischen Ballungsraumes verfügt wegen seiner von drei Seiten durch Mittelgebirge geschützten Lage vermehrt über Schwachwindperioden, die im Mittel bis zu 5 Tagen andauern können.
Dagegen unterscheidet sich die Lage der Stadt Saarbrücken im Hinblick auf die Beeinflussung durch geringere Windgeschwindigkeiten nur unwesentlich durch ein etwas häufigeres Vorkommen 2-bis 5tägiger Perioden von der Station Düsseldorf.

Für Stuttgart und München bestätigen ergänzend Auswertungen der "mittleren monatlichen Windgeschwindigkeiten" das hier gehäufte Vorherrschen geringer Windstärken im Vergleich zu den Küstenstädten Bremen und Hamburg (44, S. 8).

Legt man die weiter o.g. "Grenzgeschwindigkeit des Windes" (50, S. 70) bzw. die
"Entmischungsgrenzgeschwindigkeit" (26, S. 37) von 1,5 m/s bis 3 m/s als untere für
einen Austausch gasförmiger Luftverunreinigungen noch wirksame Grenze zugrunde, so
läßt sich anhand der Abbildung 5 erkennen, daß besonders in den großen industriellen
Ballungsgebieten um Köln/Düsseldorf und um Frankfurt/M. die Gefahr für eine durch
einen geringen Austausch verursachte Akkumulation von Luftverunreinigungen
in stärkerem Maße gegeben ist als etwa im Ruhrgebiet.

So verwundert es nicht, daß in den Industriegebieten Frankfurts, Mannheims und Saarbrückens z.B. bei bis zu fünffach niedrigeren SO_2-Emissionen als sie im Ruhrgebiet
vorzufinden sind, höhere Immissionsbelastungen auftreten können, "da ... die natürliche
Durchlüftung (in diesen Räumen) allein durch die ventilationshemmende Reliefgestaltung
einschneidend behindert wird" (26, S. 37).
Diese durch die Orographie vorgegebenen Nachteile treten im Ruhrgebiet aufgrund seiner
relativ offenen, durchlüftungsbegünstigten Lage nicht auf.

3.1.2 Einfluß der vertikalen Temperaturschichtung auf die Ausbreitung von Luftverunreinigungen

Während horizontal erfolgende Ausbreitungsvorgänge von Luftverunreinigungen direkt von
der Höhe der Windgeschwindigkeit, von der Oberflächenform des Untergrundes und von der
durch diese Faktoren entstehenden mechanischen Turbulenz abhängig sind, wird ein vertikaler Austausch durch die jeweilige Stärke der Temperaturgradienten der unteren Luftschichten gesteuert.

Die von der Erdoberfläche aus von unten nach oben durch Wärmestrahlung und Luftmassentransport einsetzende Vertikalbewegung der Luft "führt zu (deren) Ausdehnung ... wegen
Verringerung der Dichte und damit zur (trocken) - adiabatischen Abkühlung" von ca.
1 K pro 100 m Höhenzunahme (116, S. 9). Man spricht dann von einem trockenadiabatischen
Temperaturgradienten (γ_t = 1 K/100 m).[1]

Für den Fall einer Kondensation des in aufsteigender Luft enthaltenen Wasserdampfes erhält man aufgrund der dann dem Luftpaket zur Verfügung stehenden "Kondensationswärme"
den feuchtadiabatischen Temperaturgradienten (γ_f = 0,6 K/100 m).[2] Dieser stellt sich
ebenfalls bei ruhender feuchter Luft aufgrund der Wärmeabsorption des Wasserdampfes ein.

Sowohl der trocken- (γ_t) als auch der feuchtadiabatische Temperaturgradient (γ_f) stellt
für sich betrachtet jeweils Temperaturgrenzwerte dar, an denen sich eine Diskussion
über das vertikale Austauschverhalten von Luftverunreinigungen orientieren kann.
So lassen sich für jeden dieser Temperaturgradientbereiche drei durch sie beeinflußte
Temperaturschichtungsverhältnisse differenzieren, die einen vertikalen Austausch beeinflussen können:

1. Erfolgt in einem gedachten Luftraum (U) eine den trocken- bzw. feuchtadiabatischen
   Temperaturgradienten gleichstarke Temperaturabnahme mit der Höhe, so liegt eine
   (trocken- bzw. feucht-) indifferente Temperaturschichtung vor.

   Formelmäßig gilt hierfür folgende Beziehung:

   $$\gamma_{U_{t,f}} = \gamma_{t,f}$$

---

[1] Angabe der Temperaturgradienten in Kelvin (K)/100 m.
[2] Von der jeweils vorherrschenden Temperatur abhängiger Wert zwischen 0,4 und
0,8 K/100 m; gebräuchlicher Mittel- und Rechenwert für γ_f = 0,6 K/100 m.

Hieraus wird ersichtlich, daß der Verlauf der Temperaturgradienten in dem gedachten Luftraum (U) genau dem Verlauf der jeweiligen Adiabaten (γ_t bzw. γ_f) folgt und demnach "Vertikalbewegungen der Luft weder von selbst ausgelöst noch - einmal vorhanden - gebremst werden (können)" (104, S. 79).

2. Eine (trocken- bzw. feucht-) labile Temperaturschichtung herrscht vor, wenn der Temperaturgradient $\gamma_{U_{t,f}}$ größer ist als die jeweiligen Adiabaten γ_t bzw. γ_f.
Es gilt dann folgende Beziehung:

$$\gamma_{U_{t,f}} > \gamma_{t,f}$$

Das bedeutet, daß ein adiabatisch aufsteigendes Luftteilchen fortlaufend in eine jeweils kältere Umgebung gelangt, somit jedesmal wärmer ist als seine neue Umgebung und seinen einmal begonnenen Aufwärtstrend dadurch fortsetzt.

3. (Trocken- bzw. feucht-) stabil geschichtete Luftschichten zeichnen sich dagegen dadurch aus, daß bei einem Temperaturgradienten $\gamma_{U_{t,f}}$, der kleiner ist als die Trocken- bzw. Feuchtdiabaten

$$\gamma_{U_{t,f}} < \gamma_{t,f}$$

ein aufsteigendes Luftteilchen immer in eine jeweils wärmere Umgebung gelangt, so daß das adiabatisch abkühlende Luftteilchen soweit wieder absinkt, bis sich der Verlauf seiner Temperaturgradientkurve mit der der Adiabaten wieder schneidet. Eine stabile Temperaturschichtung stellt somit eine Behinderung des vertikalen Austausches dar, die um so stärker wird, je kleinere Werte die Temperaturgradienten annehmen.
Nähert sich der Wert des Temperaturgradienten dem Wert 0 (mit der Grenzbedingung $\gamma_{U_{t,f}} = 0$), d.h. verändert sich letztlich die Temperatur mit zunehmender Höhe nicht, so liegt eine isotherme Schichtung bzw. eine Isothermie vor.
Sinkt der Wert des betrachteten Temperaturgradienten in den negativen Bereich ($\gamma_{U_{t,f}} < 0$ K/100 m), so resultiert hieraus eine Zunahme der Temperatur mit der Höhe. Eine solche - verglichen mit den Normalbedingungen - auftretende Temperaturanomalität nennt man entweder inverse Temperaturschichtung oder Temperaturumkehrschicht, Temperaturinversion bzw. Temperatursprungschicht, aber auch verkürzend Inversion.

Eine solche "Diskontinuitätsfläche" (127) verhindert deshalb den weiteren Aufwärtstransport adiabatisch abkühlender Luftteilchen, weil diese bei Übertritt in die Inversion aufgrund der dort herrschenden höheren Temperatur einer geringeren Luftdichte ausgesetzt sind, wodurch ein weiterer Auftrieb beendet ist. Als bekannte Beispiele permanent vorhandener Temperaturumkehrschichten können die hochgelegenen, als Tropopauseninversion und Passatinversion bekannten Sperrschichten genannt werden.

Zu den nicht permanent auftretenden Temperaturumkehrschichten zählen dagegen die sog. "biosphärischen Inversionen" (BECKER in (2), S. 503), die in meist geringer Höhenlage (0 bis max. 1.000 m ü. NN.) lokalisiert, den bodennahen Austauschraum während einer jeden gesundheitsgefährdenden Wetterlage unterschiedlich stark beeinflussen.

So konnte CHALUPA (15) für Wien einen relativ starken Anstieg der SO_2-Konzentrationen bei Abnahme der Inversionshöhenlage nachweisen, wie dies ja auch FORTAK (34) anhand seiner Untersuchungen für Bremen und LAWRENCE (81) am Beispiel des südenglischen Crawley belegen konnten.

Wegen ihrer großen Einflußnahme auf den Ausbreitungsprozeß von Luftverunreinigungen sollen nunmehr die ihrer Entstehung und Höhenlage nach in B o d e n - u n d H ö h e n i n v e r s i o n e n differenzierten Temperaturumkehrschichten detailliert analysiert werden.

3.1.2.1 Bodeninversionen

Nimmt die Lufttemperatur von der Erdoberfläche mit zunehmender Höhe zu, so liegt eine Temperaturumkehr vor, die, "im Kontakt mit dem Boden" (127, S. 103) gebildet, als B o d e n i n v e r s i o n bezeichnet wird.

Trotz der vielfältigen Erscheinungsformen kann die allgemeine Ursache von Bodeninversionen auf die nach dem Gesetz von STEFAN BOLTZMANN[1] erfolgende Ausstrahlung des Untergrundes bei negativer Strahlungsbilanz zurückgeführt werden.

Hinsichtlich der Ausstrahlungsstärke wirkt sich ein schlecht leitender Untergrund (z.B. lufthaltiges, trockenes Moor, Wärmeleitfähigkeit $l = 3$ J/cm·h·K)[2] bei tagsüber erreichten hohen Oberflächentemperaturen aufgrund seiner ebenfalls hohen nächtlichen Ausstrahlung bei "geringer Wärmezufuhr aus dem Boden" (63, S. 18) begünstigender auf die Bildung von Bodeninversionen aus als etwa ein gut leitender Untergrund (z.B. Felsboden, Wärmeleitfähigkeit $l = 120$ J/cm·h·K) mit vergleichbar geringer nächtlicher Ausstrahlung pro Zeiteinheit.

Neben der von der Bodenart und auch von dem hier vernachlässigten Bewuchs[3] abhängigen Ausstrahlungsstärke wirken unter denen bei DAUBERT (19) zusammengefaßten fördernden Faktoren Tal- und Beckenlandschaften insofern begünstigend auf die Ausbildung von Bodeninversionen ein, als sie häufig in windgeschützter Lage abflußlose Sammelstellen für die auf der Höhe produzierte Kaltluft darstellen.
Wolkenloser Himmel mit einer geringen Gegenstrahlung fördert darüber hinaus von klimatologischer Seite her die Bildung bodennaher Temperaturumkehrschichten.

Der Auf- und Abbau einer Bodeninversion im Tagesverlauf kann schematisch anhand der Abbildung 6 gezeigt werden.

Die etwa zwei Stunden nach Sonnenuntergang durch Oberflächenabkühlung einsetzende Kaltluftproduktion läßt in den unteren Luftschichten die Temperatur sinken (Beispiel 24^h und 6^h); erreicht diese den Taupunkt, so bildet sich als häufig zu beobachtende Erscheinung bei Inversionslagen Bodennebel.

Während gegen 18^h noch ein vertikaler Austausch mit den höheren Luftschichten ermöglicht wird (Pfeile in der Zeichnung), baut sich vom Boden während der Nacht eine mehr oder weniger mächtige Austauschbehinderung auf. In den Morgenstunden wird diese dann aufgrund der Wärmezufuhr durch die Einstrahlung wieder sukzessive abgebaut (9^h).

Prinzipiell können sich Bodeninversionen, auch Strahlungsinversionen genannt, bei windschwachen Wetterlagen jahreszeitenunabhängig während jeder Nacht bilden. Besonders große vertikale Mächtigkeiten erreichen sie jedoch fast ausschließlich im Winter, da in dieser Jahreszeit eine längere nächtliche und, bei Vorhandensein eines schneebedeckten Untergrundes, eine intensivere Ausstrahlung vorliegt als im Sommer (47).
So lassen sich gerade in dieser Jahreszeit die weitaus höchsten Schadstoffakkumulationen dann beobachten, wenn Bodeninversionen über mehrere Tage lang vorherrschen.
Sind solche Situationen zusätzlich noch mit Windstille kombiniert, was nach DAUBERT (19) für etwa die Hälfte aller Fälle zutrifft, kommt der Höhenlage der Emittenten insofern eine besondere Bedeutung zu, als daß bei der dann vorherrschenden stabilen Schichtung aus thermodynamischen Gründen die Abgase jeweils in der effektiven Quellhöhe der Emittenten verbleiben.

---

1) $E = \delta \cdot T^4$ E = Energieabgabe in Joule (J)
   $\delta = 3,45 \cdot 10^{-10}$ J/cm^2·min·K^4
   T = Temperatur in Kelvin (K)

2) Die Werte wurden umgerechnet nach einer Vorlage bei SCHREIBER (116, S. 34).
3) Besitzt je nach der Bestandsform einen unterschiedlich starken Einfluß (115).

Abb. 6 Auf- und Abbau einer Bodeninversion

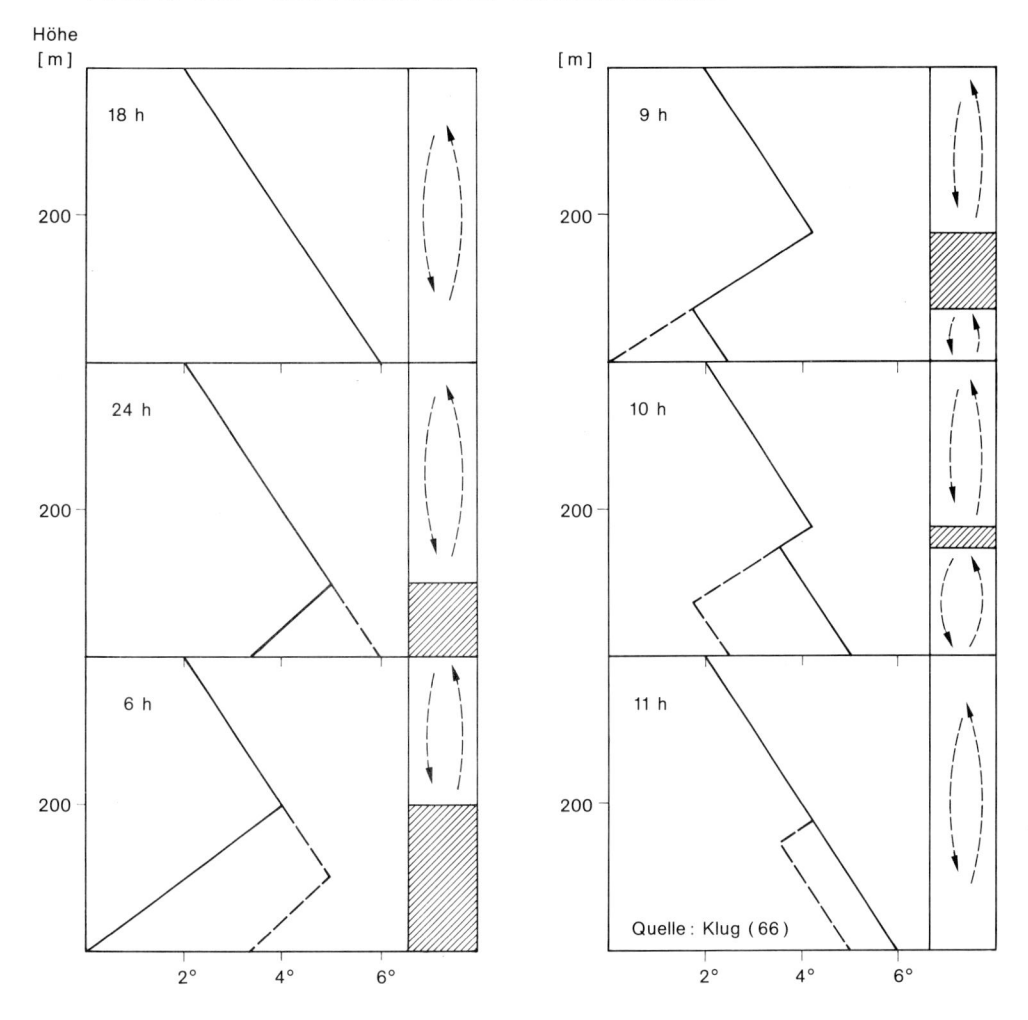

Quelle: Klug (66)

Das bedeutet, daß industrielle Luftverunreinigungen, die aus hohen Fabrikschloten unterhalb der Inversionsgrenze freigesetzt werden, sich vorwiegend im Höhenniveau der Schornsteinmündung ansammeln, während sich hausbrand- und verkehrsbedingte Abgase aus niedrigen Quellhöhen in Bodennähe konzentrieren. Solange eine Veränderung der Höhenlage der Inversionsobergrenze unterbleibt, verändert sich im Idealfall dieser Zustand nicht.

Doch die besonders beim Abbau der Bodeninversion einsetzende Turbulenz zwischen dem Boden- und der ansteigenden Inversionsuntergrenze (s. Abb. 6 um 9^h und 10^h) bewirkt, daß auch aus größeren Höhen Emissionen turbulent nach unten transportiert werden; dies geschieht um so mehr, je weiter sich die Inversionsuntergrenze vom Boden abhebt, wodurch immer neue hochgelegene "Rauchgashorizonte" (106) angeschnitten werden können und ein "Verräucherungseffekt" (40) in Bodennähe nicht ausbleibt.

Diese innerhalb kurzer Zeit auftretenden Konzentrationserhöhungen der Schadstoffe sinken erst dann wieder auf niedrige Werte ab, wenn die gesamte Bodeninversion aufgrund verstärkter Einstrahlung abgebaut worden ist.

Neben der zeitlich begünstigten Abhängigkeit der Entstehung von Bodeninversionen lassen sich auch in räumlicher Hinsicht Gebiete charakterisieren, die ähnlich dem vermehrten Auftreten von Schwachwindperioden ebenso über eine größere Häufigkeit von Bodeninversionen verfügen wie andere Stationen. Gebiete in Tal- oder Beckenlage sind für eine vermehrte Ausbildung von Bodeninversionen ganz besonders prädestiniert. KLUG (66) konnte nämlich anhand eines Häufigkeitsvergleiches der Anzahl von Bodeninversionen am Beispiel der Städte Hamburg, Frankfurt/M. und Köln zeigen, daß an letzteren Stationen in geschützter Lage wesentlich mehr Bodeninversionen auftraten als an der durchlüftungsbegünstigten Station Hamburg. In Köln konnten z.B. an 75% der täglich erfolgenden Messungen Bodeninversionen nachgewiesen werden.

Darüber hinaus zeigte auch ein Vergleich der Inversionsstärke (angegeben durch die Temperaturdifferenz zwischen Unter- und Obergrenze), daß die Bodeninversionen in Hamburg zumeist nur relativ schwach ausgebildet waren (Δt = 0 bis 1 K), während in Köln und Frankfurt/M. fast eine gleiche Anzahl sehr starker Inversionen ($\Delta t \geq 5$ K) auftraten.[1]

Zusammenfassend läßt sich feststellen, daß Ballungszentren in geschützter Lage aufgrund der oben dargelegten häufigeren und längerdauernden Schwachwindperioden und wegen des vermehrten Auftretens relativ starker Temperaturinversionen unter lufthygienischen Gesichtspunkten besonders gefährdet sind.

3.1.2.2 Höheninversionen

Während B o d e n i n v e r s i o n e n durch unterschiedliche Ein- und Ausstrahlungsverhältnisse von der Erdoberfläche aus gebildet werden, besitzen H ö h e n i n v e r s i o n e n ihren Ursprung in der unteren oder höheren Troposphäre. Ihren verschiedenen Bildungsmöglichkeiten zufolge lassen sich diese nachstehenden Kategorien zuordnen:

1. <u>Inversionsbildung durch Advektion</u>

    Im Zusammenhang mit Warmfronten entstehende Aufgleitinversionen, die durch die advektiv erfolgende Überlagerung schwererer bodennaher Kaltluft durch leichte feuchte Warmluftmassen beim Durchzug von Tiefdruckgebieten entstehen können (53; 104).
    Hohe Konzentrationen an Luftverunreinigungen, die im Zusammenhang mit Aufgleitinversionen auftreten, sind in den seltensten Fällen von längerer Dauer (35).

    Als Verursacher gesundheitsgefährdender Schadstoffakkumulationen treten diese Inversionen nicht in den Vordergrund.

2. <u>Inversionen an hochgelegenen Strahlungsreferenzflächen</u>

    Aufgrund ihrer hohen Ausstrahlung "infolge ihres beträchtlichen Wasserdampfgehaltes" (8, S. 51) lassen besonders Wolken- bzw. Dunstschichten als hochgelegene Strahlungsreferenzflächen an ihrer Obergrenze Inversionen entstehen. Auswirkungen auf die akute Luftverunreinigung gehen von diesen Inversionen meist jedoch nicht aus.

3. <u>Inversionen in Hochdruckgebieten</u>

    Während die unter 1. und 2. genannten Inversionen keine bzw. nur eine relativ geringe Auswirkung auf die akute Erhöhung von Luftverunreinigungen haben, kommt besonders den Temperaturumkehrschichten, die im Zusammenhang mit winterlichen Hochdruckgebieten auftreten, große Bedeutung zu.

    Der Grund hierfür muß in dem strukturellen Aufbau antizyklonaler Druckgebilde gesehen werden, die sowohl als kalte (thermische) als auch als warme (dynamische) Hochdruckgebiete in Erscheinung treten.

    Kalte Hochs entstehen vielfach aufgrund der negativen Strahlungsbilanz über winterkalten Kontinenten (wie z.B. Kanada, Sibirien, dem Polargebiet) und sind zumeist nur aus einer 2-3 km mächtigen bodennahen Kaltluftschicht aufgebaut (127), die in

---

[1] Vergleichbar ähnliche Ergebnisse konnten HERB (48; 49) für München und Nürnberg sowie DAUBERT (19) für Tübingen feststellen.

der Regel von einem Höhentief überlagert wird. Bodenluftdrucke von bis zu 1.079 mbar sind in Sibirien in diesem Zusammenhang schon gemessen worden (116).

Aufgrund jedoch nur "geringer Absinkvorgänge" (32) sind in einem kalten Hoch die Temperaturinversionen nur schwach ausgebildet.
Darüber hinaus sind Kaltlufthochs bei ihrer geringen vertikalen Mächtigkeit relativ schnell wandernde Druckgebilde, die jedoch unter Umständen "wegen der Tendenz zur Wiederherstellung großräumig beständig und ... daher als metastabil bezeichnet werden können" (32, S. 62).
Unter ihrem Einfluß können sich Luftverunreinigungen in den bodennahen Luftschichten zwar für eine gewisse Zeit ansammeln; da diese Hochs i.a. jedoch keinen blockierenden Steuerungscharakter für zyklonale Störungsausläufer haben, bestimmen sie meist nur für relativ kurze Zeit die Witterung in den unteren Luftschichten.

Im Gegensatz zu diesen meist nur kurzfristig bestehenden Hochdruckgebieten können demgegenüber "quasistationäre Antizyklonen" (83) mit sogar bis zu 14tägiger Dauer auftreten.
Hierbei handelt es sich zwar auch um am Boden lagernde Kaltluftschichten polarer Herkunft, jedoch geht deren Entstehung "ein mächtiger Tropikluftvorstoß in der Höhe voraus", so daß ein zusätzliches Höhenhoch für große Stabilität sorgt und wandernden Zyklonen aufgrund seiner großen vertikalen Erstreckung blockierend entgegenwirkt.
Solche Hochdrucklagen von fast kontinentdeckender Größe stellen ähnlich wie die warmen (dynamischen) hochreichenden Antizyklonen eine unumgängliche Voraussetzung für das Auftreten gesundheitsgefährdender hoher Luftverunreinigungen dar. Bei letztgenannten handelt es sich um dynamisch gebildete Hochdruckzellen des "subtropisch-randtropischen" Bereiches (127), die zwar besonders im Sommer häufig wetterbestimmend auftreten, aber auch im Winter über Mitteleuropa stationär werden können. Darüber hinaus verstärken sie sich in der kalten Jahreszeit häufig noch durch Zufluß polarer Kaltluft aus dem skandinavischen Raum.

Die bei überwiegender Windarmut in Hochdruckgebieten absinkenden, sich somit dynamisch erwärmenden und "abtrocknenden" Luftmassen (trockenadiabatische Erwärmung um 1 K/100 m) verursachen die als A b s i n k - und A b g l e i t i n v e r s i o n e n bekannten Temperaturumkehrschichten.

A b s i n k i n v e r s i o n e n entstehen in derjenigen Höhenlage über dem Erdboden, in der für die vertikal nach unten gerichtete Luftmassenversetzung durch die vom Erdboden nach oben gerichtete Thermik ein "dynamisches Widerlager auftritt" (127, S. 103) bzw. wo die vertikal absteigenden Luftmassen in eine mehr erdbodenparallele Richtung übergehen.
Durch den langsamen Übergang in einen mehr horizontalen Strömungsverlauf wird der vertikale Temperaturgradient kleiner, wodurch die Erwärmungstendenz abnimmt. Hieraus resultiert in den bodenfernen Schichten im Vergleich zum Erdboden eine relative Temperaturzunahme, die als Sperrschicht die unteren Luftschichten von der wärmeren Höhenluft trennt.

A b g l e i t i n v e r s i o n e n dagegen treten vornehmlich an den Rändern von Hochdruckgebieten auf. Hierbei gleiten dann absteigende Luftmassen an der Grenzfläche zwischen bodennaher Kaltluft und der warmen Höhenluft abwärts und sind aufgrund ihrer großen Trockenheit als "freier Föhn" in der Literatur bekannt (32 u.a.).

Die unter dem Einfluß zentraler Hochdruckgebiete entstehenden Inversionen können sich durch große Beständigkeit ausweisen, wobei aufgrund nur schwach erfolgender Luftbewegung das Austauschvolumen des bodennahen Luftraums noch durch zusätzlich auftretende Bodeninversionen weiter eingeschränkt werden kann.
Bei längertägigem Vorherrschen bleibt eine Schadstoffakkumulation, die je nach Ausgangssituation recht schnell bedrohlich hohe Werte erreichen kann, dann nicht aus.

4. Zur Charakterisierung des Inversionsverhaltens über dem Ruhrgebiet

Nach der allgemeinen Beschreibung und Analyse der auf den bodennahen Austauschraum einwirkenden meteorologischen Größen soll nunmehr exemplarisch das zeitliche und auch räumliche Verhalten von Temperaturinversionen als wichtige Austauschparameter über dem Ruhrgebiet untersucht und dargestellt werden.

Zu diesem Zweck wurde mit Hilfe des Datenmaterials, das durch das Wetteramt Essen[1] zur Verfügung gestellt wurde, eine Inversionsstatistik angefertigt, die den Zeitraum von 1966 - 1976 umfaßt.

Von den zur Verfügung stehenden Grundlagenwerten des täglich um 0 Uhr GMT und um 12 Uhr GMT bis in eine Höhe von ca. 30 km erfolgenden Radiosondenaufstiegs wurde ausschließlich eine Auswertung des Mittagtermins vorgenommen.

Durch die Wahl dieses Termins war gewährleistet, daß die sich nächtlich bildenden Bodeninversionen, die nach Sonnenaufgang vormittags in der Regel wieder abgebaut werden (vgl. hierzu Abb. 6, S. 15), nicht erfaßt wurden. Denn diese hätten bei nur kurz dauerndem Einfluß auf die Ausbreitung von Luftverunreinigungen wegen ihres häufigen Auftretens zu einer Verfälschung der Auswertungsergebnisse geführt. Somit wurden bei Zugrundelegung des 12 Uhr GMT Termins nur solche Inversionen erfaßt, deren Stärke trotz der höheren mittäglichen Einstrahlung ein Bestehen zu diesem Termin noch zuließ. Es konnte bei der Auswertung daher davon ausgegangen werden, daß diese Inversionen auch den überwiegenden Teil des Tages andauerten und den Einfluß auf die Ausbreitung von Luftverunreinigungen besser charakterisierten.

Obwohl die durch den Flug der Radiosonde bedingten Nachteile, wie z.B.

- eine zu hohe Steiggeschwindigkeit in den bodennahen Schichten und eine dadurch bedingte Beeinflussung der Meßergebnisse durch die Trägheit der Geräte,
- die mögliche Abdrift durch unterschiedlich starken Wind in wechselnden Höhen sowie
- die Auf- und Abwindbeeinflussung

strenggenommen weder einen von der Geschwindigkeit her erfolgenden gleichförmigen noch einen exakt vertikalen Aufstieg über dem Beobachtungsort zulassen, wurde das Datenmaterial zur nachfolgenden Auswertung herangezogen, weil eine andere Möglichkeit der permanenten Meßwerterfassung nicht vorlag.

Als Voraussetzung für einen "Inversionstag" wurde schließlich festgelegt, daß zum 12 Uhr GMT Termin zumindest entweder eine Isothermie oder eine Inversion zwischen dem Boden (155 m ü. NN.) und einer Höhenlage von 1.000 m ü. NN. auftrat. Da im Rahmen der durchgeführten Analysen unter dem Gesichtspunkt lufthygienischer Belange insbesondere Fragen der Bildungshäufigkeit und Höhenlage von Inversionen, der Stärke und Mächtigkeit der austauschbehindernden Schichten sowie deren zeitliche Dauer von Interesse sind, soll hierauf bei der nachfolgenden Diskussion insbesondere eingegangen werden.

---

[1] Ausgewertet wurden entweder die "Temps" oder die "Auswertungsergebnisse Radiosonde" (Markante Punkte).

Unter dem Begriff "Temp" werden Meßdaten über die vertikale Struktur der Atmosphäre, die mit Hilfe eines Ballon-, Flugzeug- oder Radiosondenaufstiegs erfaßt wurden, zusammengefaßt.

4.1 Jährliche Häufung und Jahresgang von Inversionen

Innerhalb des 11jährigen Untersuchungszeitraumes ließen sich nach oben dargelegten Kriterien insgesamt 1.509 Temperaturinversionen nachweisen, was einem Durchschnitt von etwa 137 Inversionen pro Jahr entspricht. Das folgende Diagramm verdeutlicht deren jährliche Häufung innerhalb des Beobachtungszeitraumes.

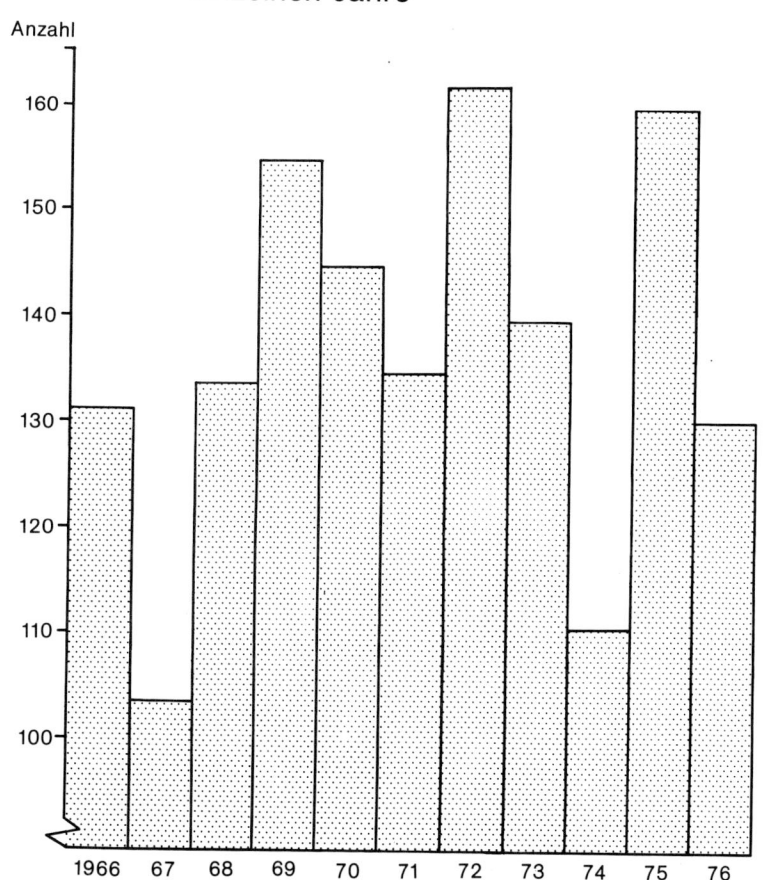

Abb. 7 Mittägliche Inversionshäufigkeit der einzelnen Jahre

Während besonders in den Jahren 1967 und 1974 mit 104 bzw. 111 Temperaturumkehrschichten im Vergleich zum Mittelwert relativ wenige mittägliche Inversionen festgestellt wurden, traten in den Jahren 1972 und 1975 mit 162 bzw. 160 der erfaßten Fälle ausgesprochen viele Inversionen auf.

Eine hohe, über dem Mittelwert liegende Belastung an Inversionen bewirkt neben der schon allgemein vorliegenden höheren Anzahl während des Winterhalbjahres[1] eine zusätzliche weitere Steigerung in der kalten Jahreszeit gegenüber einer deutlich ausgeprägten Inversionsarmut in den Sommermonaten.

Dies verdeutlicht der in Abbildung 8 dargestellte Jahresgang der Inversionshäufigkeit, wobei sich der Juni mit nur 3,3% aller erfaßten Inversionen als besonders inversionsarm herausstellt, während der Dezember hingegen ein Maximum von über 15% erreicht.

Einen glatten Verlauf weist das Verteilungsdiagramm nicht auf; es zeigt vielmehr bezüglich der Inversionsanzahl in einigen Monaten sprunghafte Veränderungen.

---

[1] Unter Winterhalbjahr wird jeweils die Zeit zwischen dem 1. Oktober und dem 31. März verstanden.

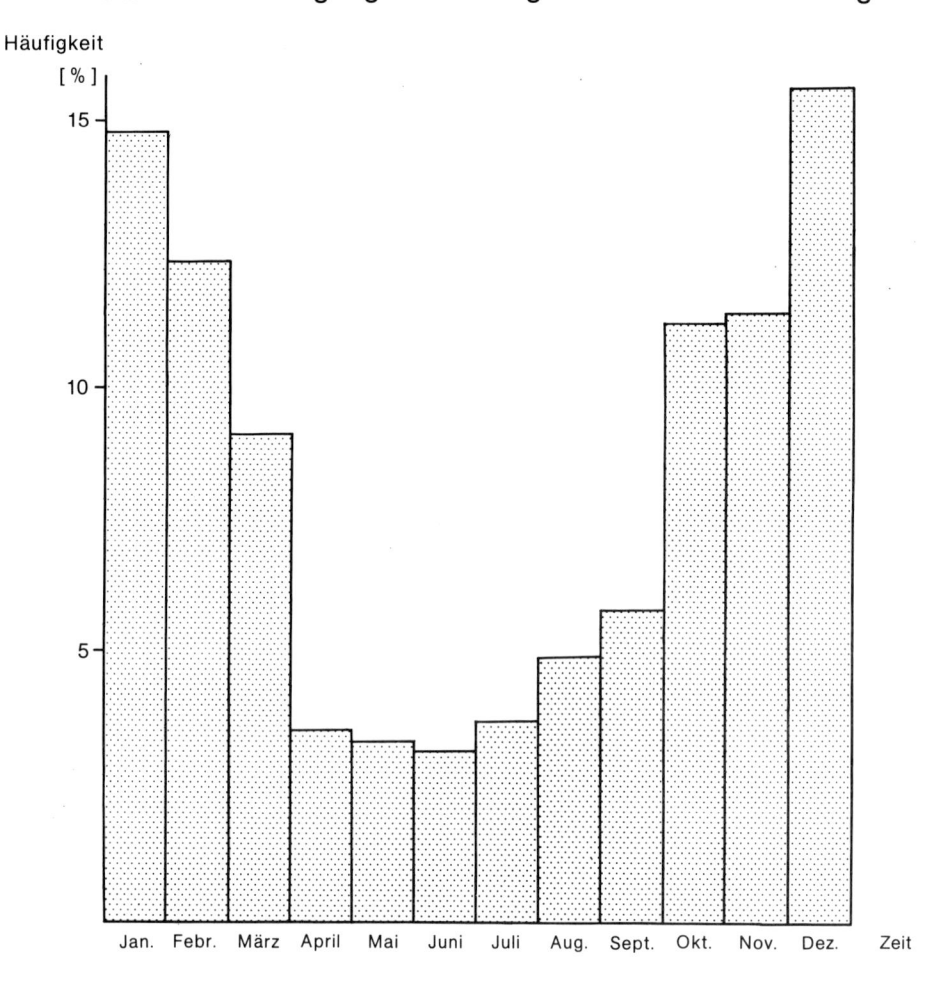

Abb. 8 Jahresgang der mittäglichen Inversionshäufigkeit

Häufigkeit [%]

Während die Monate Januar und Februar mit jeweils über 12% der auftretenden Inversionen an der Gesamtanzahl beteiligt sind, kann man in der Zeit von März bis Juni eine Abnahme von über 9% (März) bis unter 4% (Juni) erkennen. Die Monate Juli bis September weisen einen wieder einsetzenden, langsameren Anstieg von etwa 4% (Juli) bis über 6% (September) auf.

Sprunghaft erhöht sich dann von September über Oktober (11%) bis Dezember (mehr als 15%) die Bildung von Temperaturinversionen.

Da im Winterhalbjahr eine zusätzliche Immissionsbelastung durch Hausbrand auftritt, erscheint ein Vergleich der relativen Häufung von Inversionen zwischen der Zeit der Heizperiode und der heizfreien Zeit sinnvoll.
So entfallen auf den Zeitraum der Heizperiode von Oktober bis einschließlich März insgesamt fast 78% aller Inversionen, während sich die restlichen 22% auf die Monate April bis September verteilen. Mit Ausnahme des Monats März bilden sich innerhalb der Heizperiode monatlich jeweils mehr als 10% aller erfaßten Inversionen. Demgegenüber werden in der heizfreien Zeit bis auf den August und September monatlich keine 5% der Gesamtanzahl erreicht.

Das über dreifach höhere Auftreten von Inversionen besonders innerhalb der Heizperiode während des Winterhalbjahres wird im Vergleich zur heizfreien Zeit der Sommermonate deutlich und zeigt, daß gerade in der Zeit der erhöhten Hausbrandemissionen auch mit einem verstärkten Auftreten austauschbeeinflussender Inversionen gerechnet werden muß.

4.2 Höhenlage der Inversionsgrenzen

4.2.1 Inversionsuntergrenzen

Während einerseits die zeitbestimmte Häufigkeitsverteilung von Inversionen primär durch den Jahreszeitenwechsel festgelegt wird, bestimmen andererseits deren Höhenlage und horizontale Ausdehnung die raumbezogene Wirkung.

Für eine Auswertung der Höhenlagen wurden alle zwischen dem Boden und 1.000 m ü. NN. erfaßten Inversionen Höhenklassen von jeweils 50 m zugeordnet.
Untenfolgendem Verteilungsschema kann man eine leichte Häufung der Untergrenzen von 9,3% im Höhenbereich zwischen 350 m und 450 m entnehmen; zwei weitere Häufungspunkte ergeben sich zwischen 550 m und 600 m (8,2%) sowie zwischen 750 m und 800 m (6,4%).

Abb. 9 Häufigkeitsverteilung der Inversionsuntergrenzen

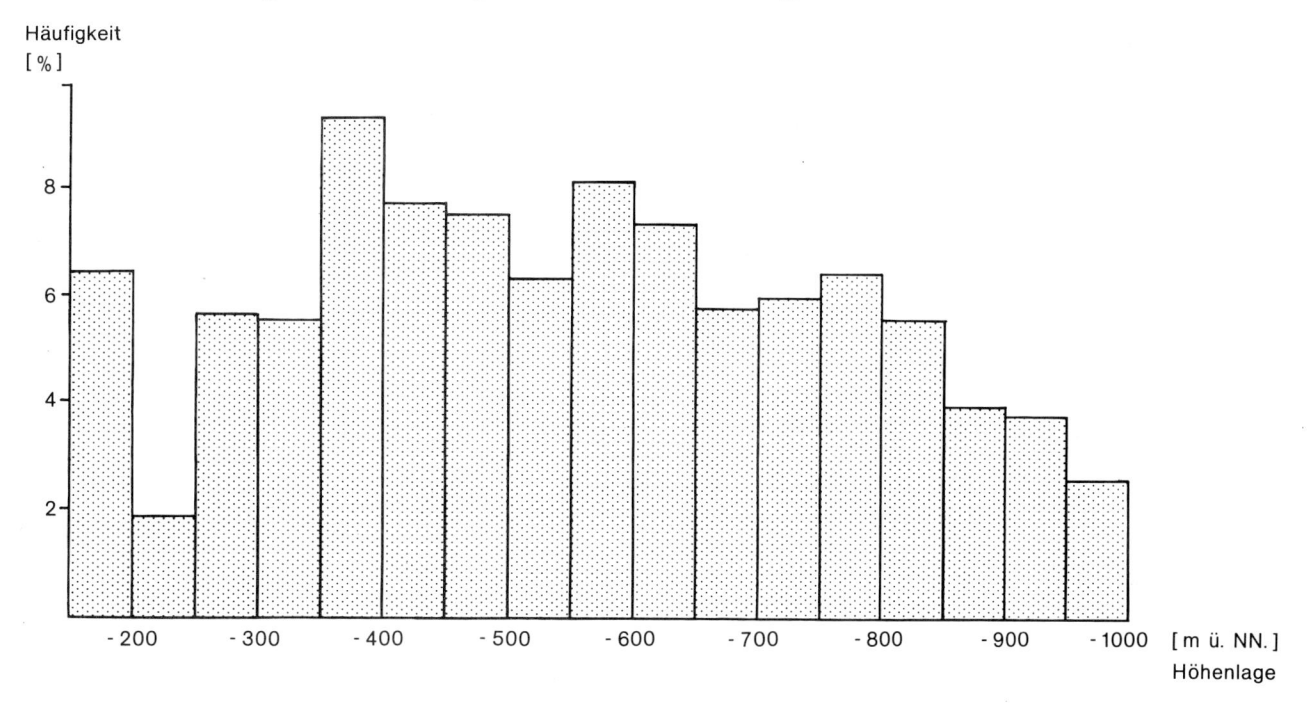

Betrachtet man diese Verteilung unter dem Gesichtspunkt der in Abbildung 10 dargestellten Summenkurven, so fällt auf, daß im Durchschnitt 50% aller Inversionsuntergrenzen unterhalb einer Höhenlage von 550 m ü. NN. liegen. Eine deutliche jahreszeitenabhängige Verschiebung der Höhenlagen fällt bei einem Vergleich der für das Sommerhalbjahr (April bis September) und das Winterhalbjahr (Oktober bis März) dargestellten Summenkurven (Abb. 10) auf.

Während in den Sommermonaten nur insgesamt 27% aller Inversionen bis zu einer Höhenlage von 550 m ü. NN. auftreten, entfallen auf diesen Bereich in den Wintermonaten mehr als doppelt soviel Inversionen, nämlich fast 60%.

Der 50%-Wert für das Sommerhalbjahr umfaßt somit den Höhenlagenbereich von bis zu 700 m, der Wert für die Wintermonate dagegen nur den Bereich bis zu 500 m. Der Jahresgang der Höhenlagen, der durch die o.g. Werte schon angedeutet wurde (s. Abb. 10), kann der Abbildung 11 entnommen werden.

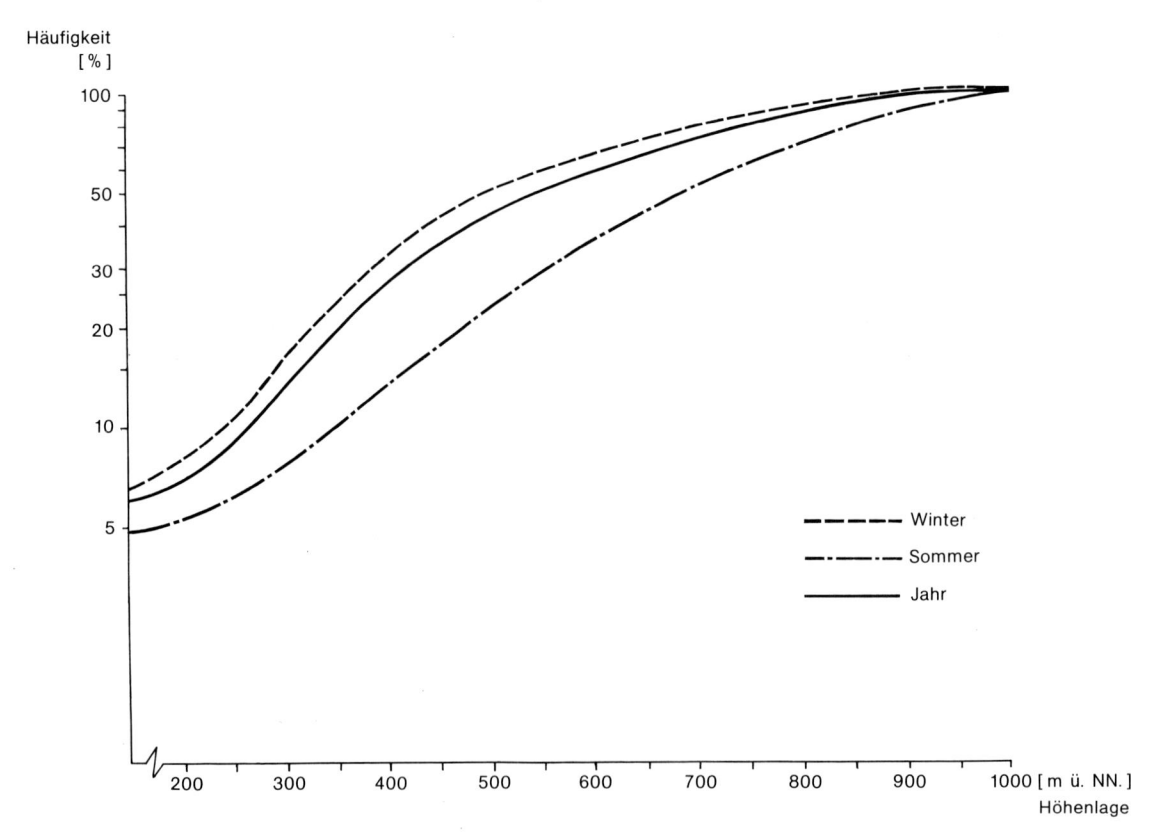

Abb. 10 Verlauf der Summenprozentkurven der Inversionsuntergrenzen

Durch die vorgenommene Glättung[1] der einzelnen Kurvenverläufe läßt sich die trendmäßige monatliche Veränderung in den Höhenlagen der Untergrenzen recht gut erkennen.

Ein Vergleich der Maximalwerte für die Monate Januar und Februar (Abb. 11.1) zeigt eine Häufung der Inversionsuntergrenzen in dem Höhenbereich < 500 m, während sich das Maximum im März schon deutlich in den Bereich oberhalb 500 m verlagert, wo es in den Sommermonaten (Abb. 11.2 und 11.3) weiterhin vorherrscht. Im Oktober dagegen entstehen Inversionen wieder bevorzugt in den tieferen Höhenlagen, eine Erscheinung, die im November und Dezember ihre stärkste Ausprägung findet (Abb. 11.4).

Anhand dieser Darstellung läßt sich für den Jahresgang der Höhenlage der Inversionsuntergrenzen erkennen, daß in den Wintermonaten November bis Februar in überwiegendem Maße mit tiefliegenden Inversionen gerechnet werden muß, die in Einzelfällen zu einer drastischen Einengung der in den Sommermonaten vorherrschenden relativ mächtigen Mischungsschicht zwischen dem Boden und den Inversionsuntergrenzen führen können.

---

1) Unter Benutzung der Formel $w = (x + y + z) : 3$

Abb. 11   Monatliche prozentuale Verteilung der Höhenlage der Inversionsuntergrenzen
(geglättet)

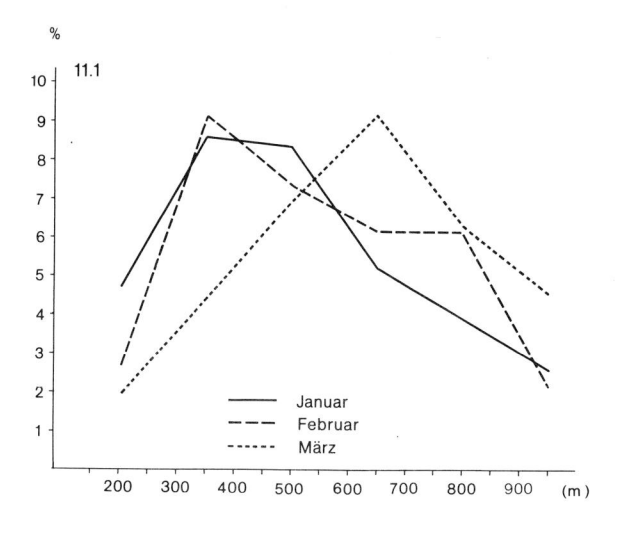

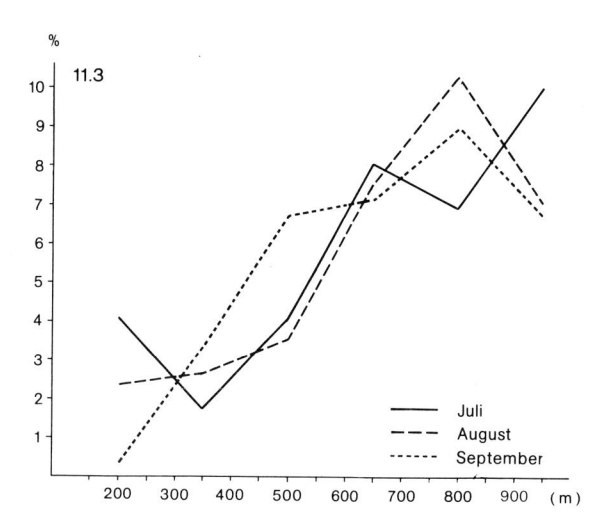

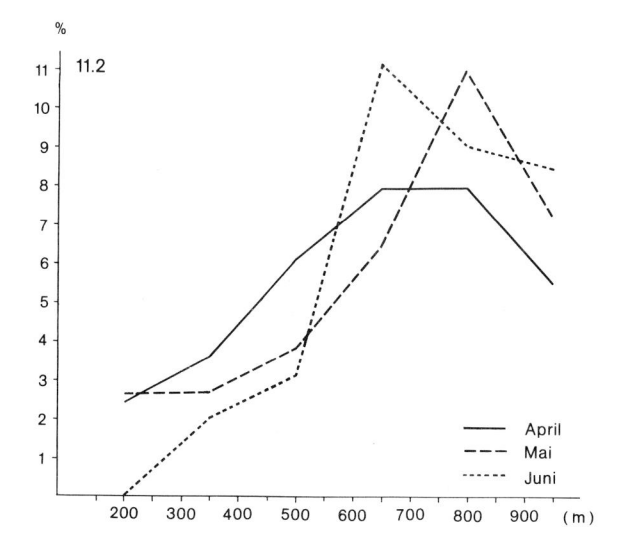

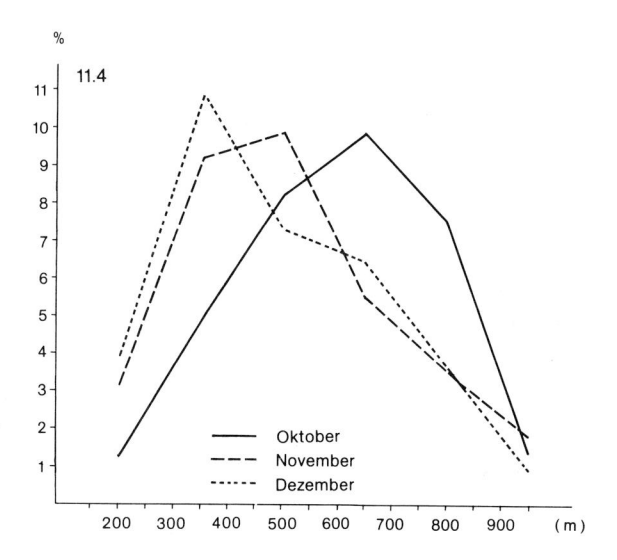

4.2.2 Inversionsobergrenzen

Die für die Höhenlagen der Inversionsobergrenzen erfolgte Auswertung zeigt eine relative Häufung zwischen 500 m und 1.100 m ü. NN., wobei jede Höhenklasse (50 m) mit bis zu über 7% an der Gesamtverteilung beteiligt ist (Abb. 12). Eine ausgesprochen geringe Anzahl der Obergrenzen entfallen auf die Höhenbereiche ≤ 450 m und ≥ 1.150 m.

Abb. 12 Häufigkeitsverteilung der Inversionsobergrenzen

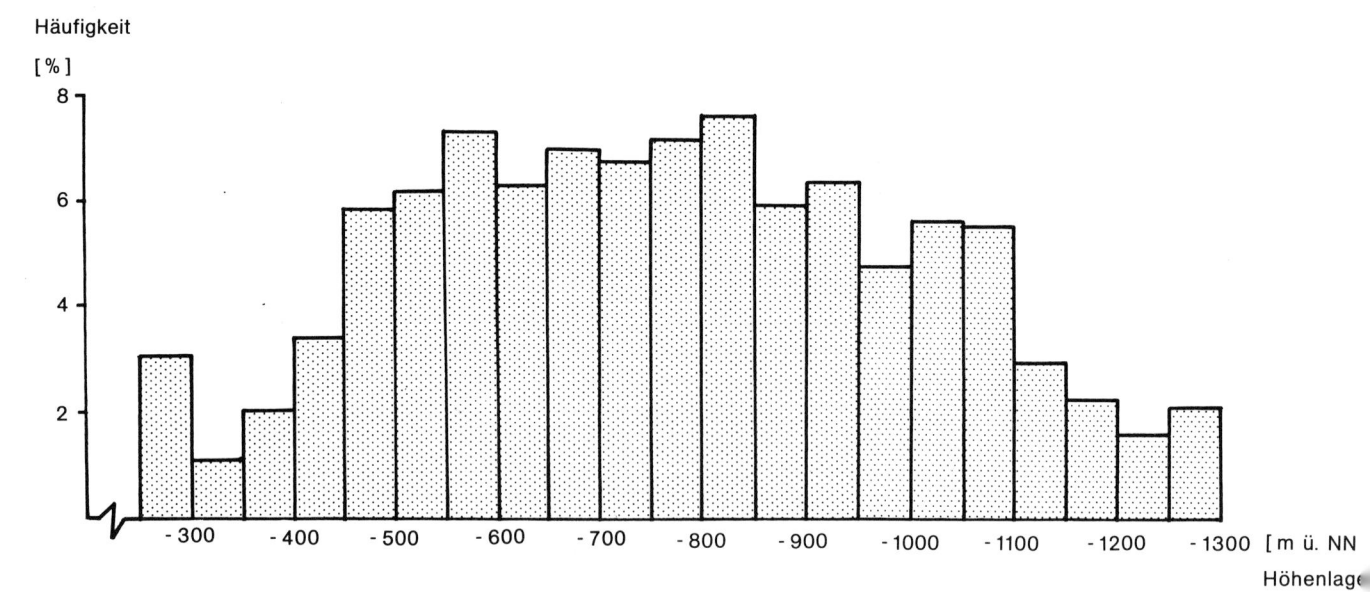

Häufigkeit [%]

(Balkendiagramm mit Höhenlagen von -300 bis -1300 m ü. NN)

Dem Jahresgang der Inversionsuntergrenzen entsprechend unterliegen auch die monatlichen Häufungsspitzen der Obergrenzen einem deutlichen jahreszeitlichen Wechsel, wie er Abbildung 13 entnommen werden kann.

Die Verteilungskurven der Wintermonate Januar und Februar sind weit in den Bereich der niedrigeren Höhenlagen verschoben, während sich schon im März (Abb. 13.1) die Verlagerung des Kurvenmaximums in höhere Bereiche andeutet (> 500 m); ein Trend, der sich in den Sommermonaten weiter fortsetzt (Abb. 13.2 und 13.3).

Bereits im Herbst (September und Oktober) nimmt die Höhenlage der Inversionsobergrenzen wieder ab und pendelt sich in den Wintermonaten (November bis Februar) vorwiegend im Bereich niedriger Höhen (< 500 m) ein (Abb. 13.4).

Festzuhalten bleibt, daß ebenso wie die Inversionsuntergrenzen auch die -obergrenzen bezüglich ihrer Höhenlage über einen deutlichen Jahresgang verfügen. Dieses gleichsinnige Verhalten läßt an dieser Stelle schon darauf schließen, daß sich die durch die Unter- und Obergrenze festgelegte Inversionsschichtdicke im Durchschnitt bei einer Verlagerung der Inversionsuntergrenze nicht verändert.

Genauer analysiert wird dieser Sachverhalt noch in einem späteren Kapitel.

Abb. 13 Monatliche prozentuale Verteilung der Höhenlage der Inversionsobergrenzen (geglättet)

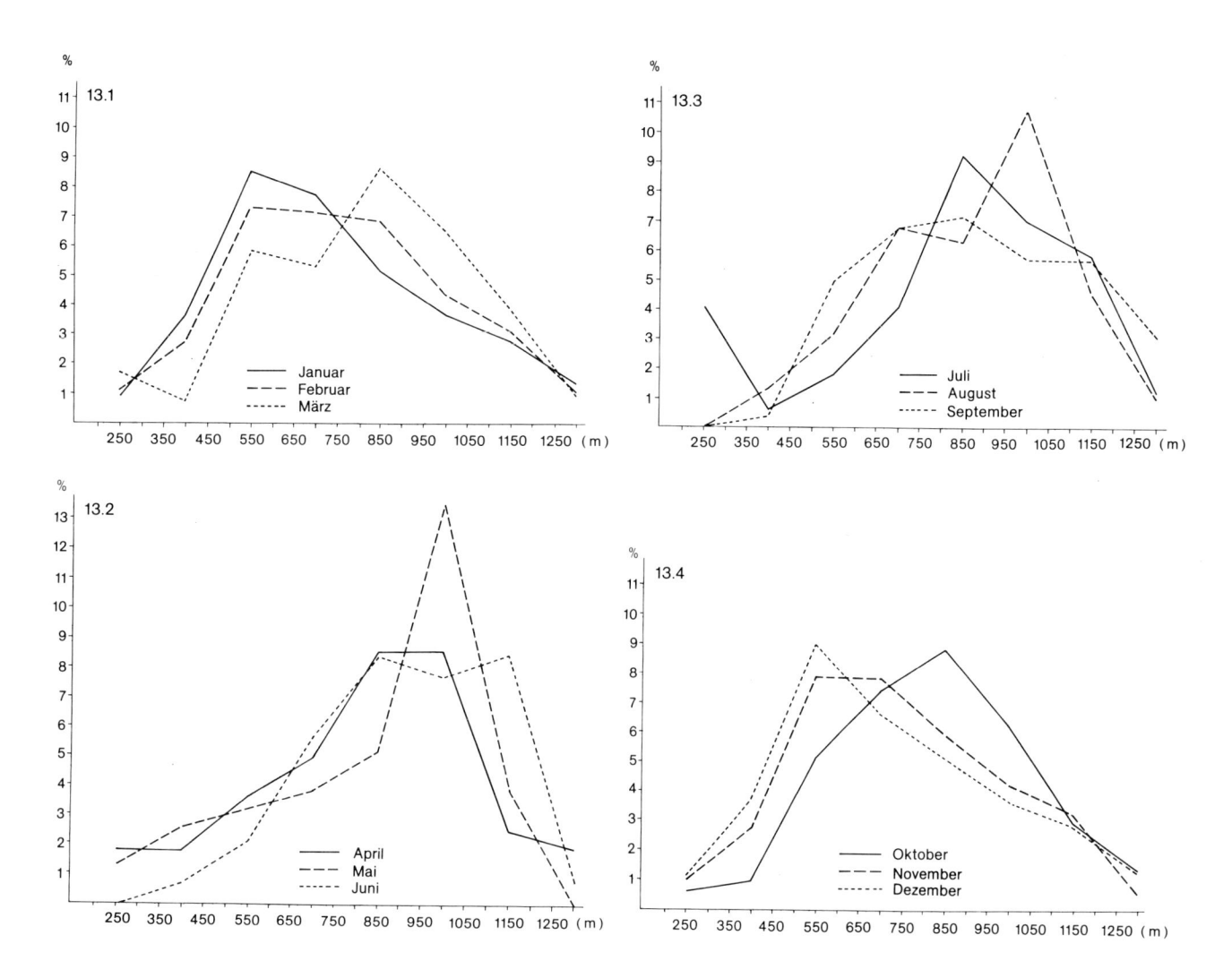

4.3 Häufigkeit von zwei Inversionen pro Aufstieg

Insgesamt 118 mal trat während des Beobachtungszeitraumes der Fall ein, daß sich zwischen dem Boden und 1.000 m Höhe zwei übereinanderliegende Inversionen gleichzeitig gebildet hatten.
Das Vorkommen dieser zusätzlich auftretenden Sperrschichten beschränkt sich, wie Abbildung 14 zu entnehmen ist, vornehmlich auf die Zeit des Winterhalbjahres. Darüber hinaus treten solche Inversionen bevorzugt in größeren Höhen auf.

21% dieser relativ hoch gelegenen Inversionen bilden sich zwischen 600 m und 650 m aus, fast 13% im Bereich zwischen 800 m und 850 m und 11% schließlich zwischen 900 m und 950 m; die restlichen 55% finden sich vornehmlich in Höhenlagen zwischen 650 m und 800 m, ein geringer Teil dagegen liegt unterhalb 600 m (Abb. 15).

Abb. 14 Jahresgang der zweiten Inversion in den
unteren 1000 m der Atmosphäre

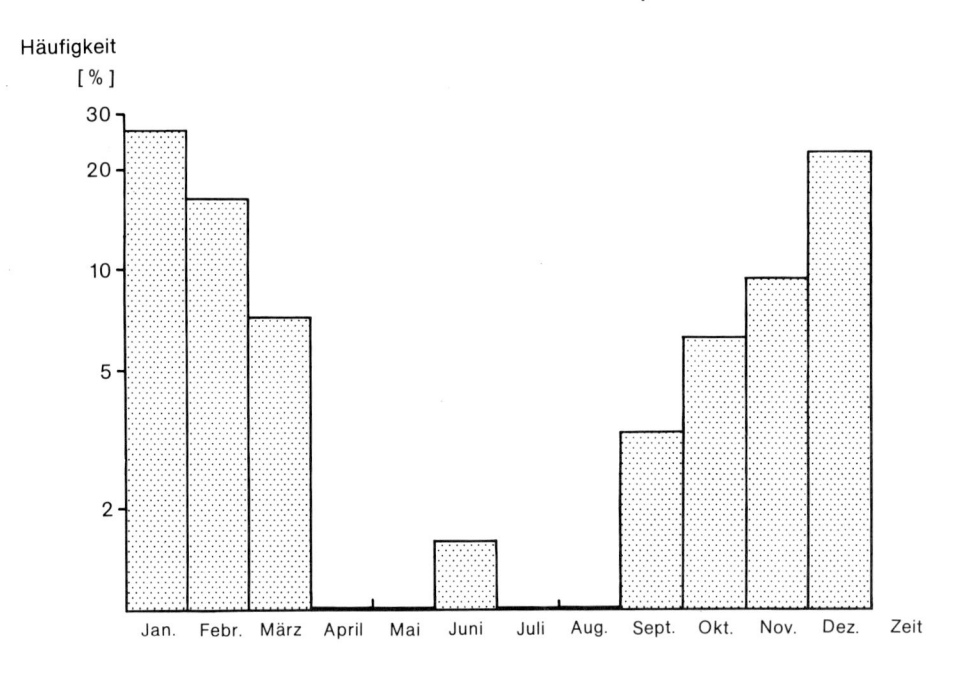

Abb. 15 Häufigkeitsverteilung der Höhenlage der
zweiten Inversion

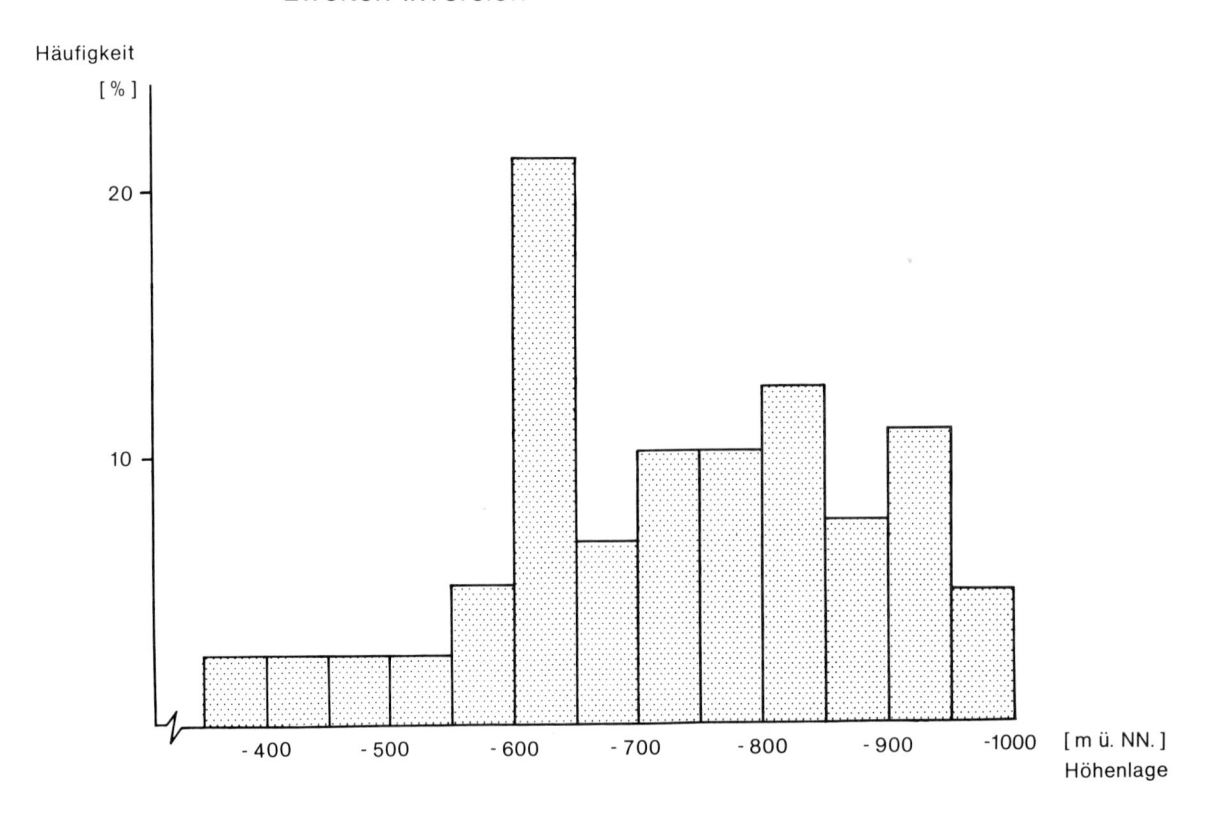

Obwohl diese zusätzlichen Inversionen an relativ große Höhen gebunden sind, sorgen sie bei gleichzeitigem Vorherrschen tiefgelegener Sperrschichten für eine weitere Austauschbehinderung besonders in den Wintermonaten.

4.4 Bodeninversionen

Wie bereits gezeigt wurde, besitzen Bodeninversionen einen erheblichen Einfluß auf die Verteilung, Verdünnung und den Abtransport von Schadstoffen, insbesondere dann, wenn die Emission aus niedrigen Quellhöhen erfolgt und die Inversionsdauer einige Tage überschreitet.

Deshalb soll an dieser Stelle hierzu eine gesonderte Analyse erfolgen. In dem 11jährigen Untersuchungszeitraum traten von den 1.509 erfaßten Inversionen lediglich 94 (entsprechend 6,2%) in Form von Bodeninversionen auf, die in der Regel nur einen Tag andauerten.

Es kam vor, daß sich Bodeninversionen an zwei und in wenigen Fällen sogar an drei aufeinanderfolgenden Tagen zum 12 Uhr-GMT-Termin nachweisen ließen. Nicht selten war ihr Vorherrschen mit dem Auftreten einer zweiten Inversion in unterschiedlicher Höhenlage gekoppelt.
Betrachtet man die prozentuale Verteilung der Bodeninversionen im Jahresverlauf (Abb. 16), so läßt sich eine Maximierung in den Wintermonaten feststellen, während sie in den Sommermonaten äußerst selten sind.

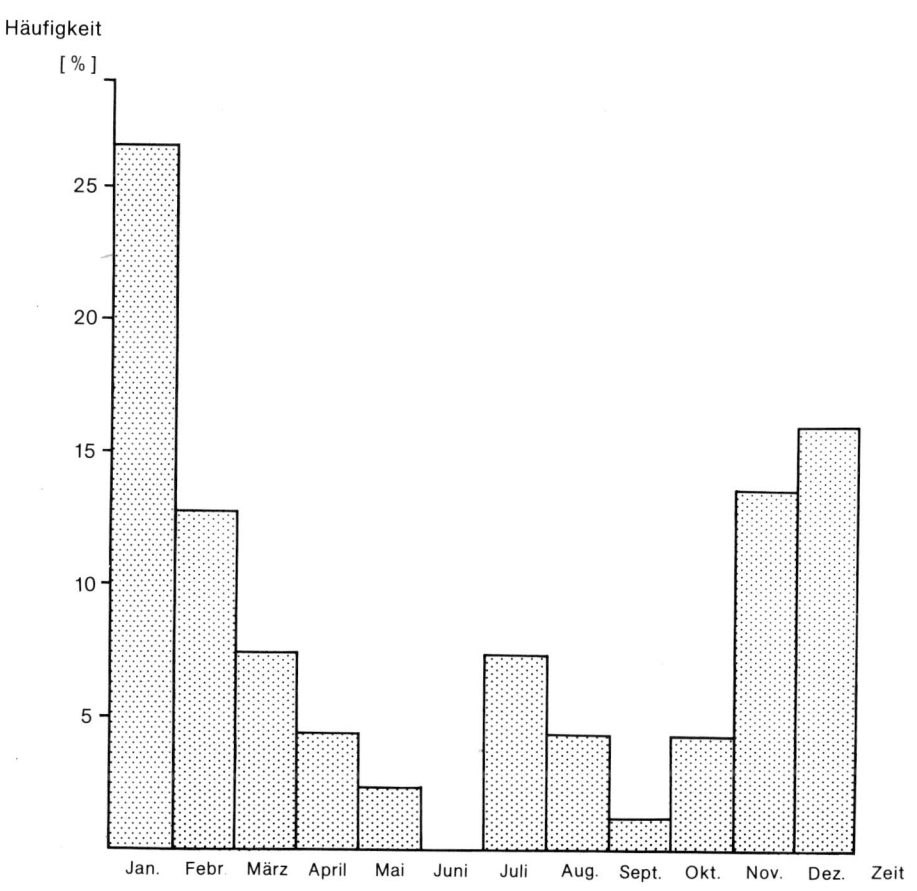

Abb. 16 Jahresgang der Bodeninversionen

Da die Dicke bzw. die Mächtigkeit von Bodeninversionen insbesondere beim Abbau der Sperrschicht einen relativ großen Einfluß auf die bodennahe Luftverschmutzung hat, wurde zwecks besserer Auswertungsmöglichkeit die prozentuale Verteilung ihrer Obergrenzen als Summenkurve dargestellt.

Aus Abbildung 17 geht hervor, daß beinahe 50% aller Obergrenzen von Bodeninversionen unterhalb einer Höhenlage von 300 m ü. NN. auftreten; bei einer Höhenlage der Station Essen von ca. 150 m ü. NN. liegt somit in der Hälfte der untersuchten Fälle eine Mächtigkeit von nur ca. 150 m vor. In nur knapp 6 % aller Fälle liegt die Mächtigkeit über 400 m.

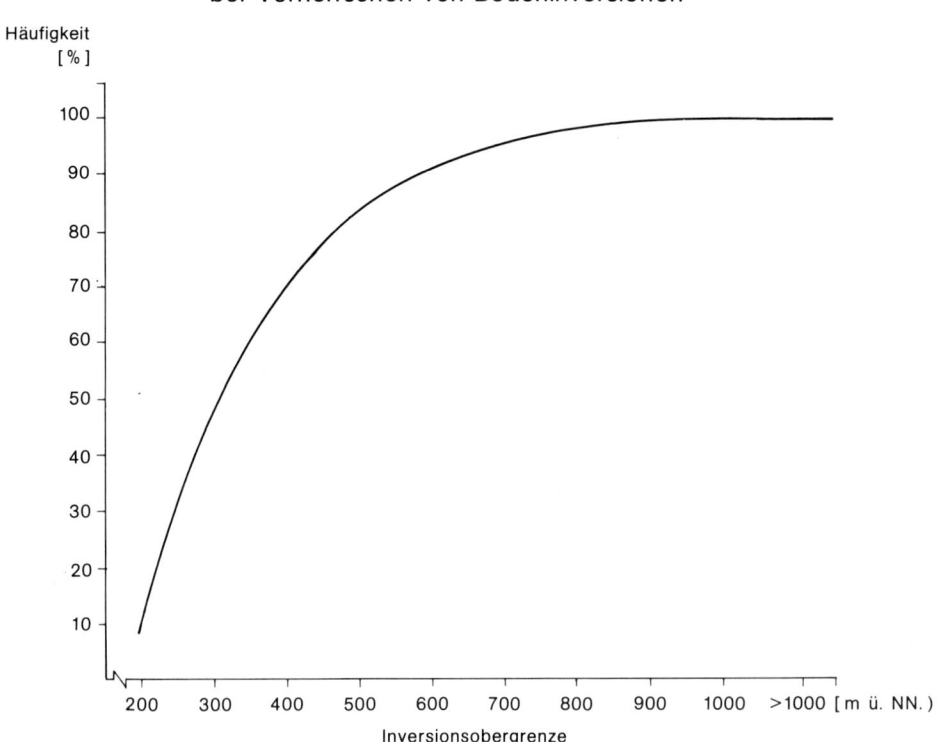

Abb. 17 Verlauf der Summenprozentkurve der Inversionsobergrenzen bei Vorherrschen von Bodeninversionen

Die hier erfaßten Bodeninversionen zeichnen sich insbesondere dadurch aus, daß sie relativ selten auftreten, in den meisten Fällen nur einen Tag dauern und darüber hinaus im Mittel über relativ geringe Mächtigkeiten verfügen.

4.5 Schichtdicke der Inversionen

Ein weiterer Faktor, der die Austauschverhältnisse bei vorherrschenden Inversionslagen charakterisieren kann, ist die Schichtdicke bzw. die Mächtigkeit einer Inversion.

Da Inversionen mit großer Schichtdicke im Gegensatz zu geringmächtigen Inversionen zum Abbau eine höhere und längere Zufuhr von Wärmeenergie benötigen, behindern erstere den Austausch der bodennahen Mischungsschicht mit den höheren Luftschichten stärker als letztere.

Um das Verhalten der Inversionsschichtdicken für den hier zugrundegelegten Beobachtungszeitraum analysieren zu können, erfolgte eine Aufteilung aller erfaßten Schichtdicken für das Sommer- und Winterhalbjahr; das Ergebnis der Analyse zeigt Abbildung 18.

Die Maxima beider Verteilungskurven liegen bei einer Schichtdicke von 150 m; Inversionen, die während des Sommerhalbjahres auftreten, besitzen zu fast 30% diese Schichtdicke, Sperrschichten in den Wintermonaten dagegen nur zu 22%.

Im Sommer bewegt sich das Verteilungsspektrum der Schichtdicken zwischen 50 m und 550 m (99%-Wert), im Winter dagegen zwischen 50 m und 700 m (99%-Wert).

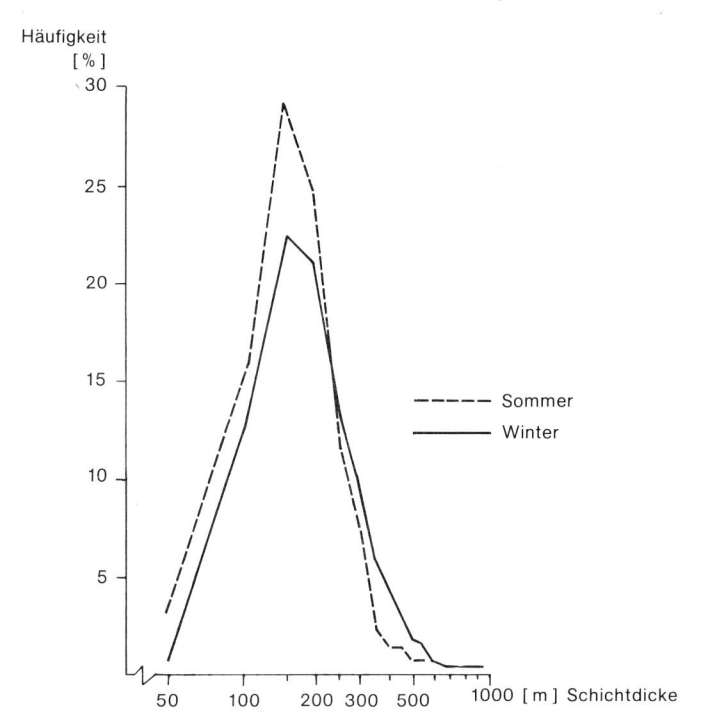

Abb. 18 Prozentuale Verteilung der Schichtdicken

Stellt man anhand von Summenkurven (Abb. 19) die Werte des Sommerhalbjahres denen des Winterhalbjahres gegenüber, so fällt die Häufung der geringeren Schichtdicken in der warmen Jahreszeit auf.

Während so z.B. im Sommerhalbjahr der Prozentsatz der Inversionen mit einer Schichtdicke von bis zu 200 m gegenüber dem Winterhalbjahr überwiegt (72% im Sommer, 56% im Winter), treten Inversionen mit Schichtdicken >200 m überwiegend im Winterhalbjahr auf (28% im Sommer, 44% im Winter).

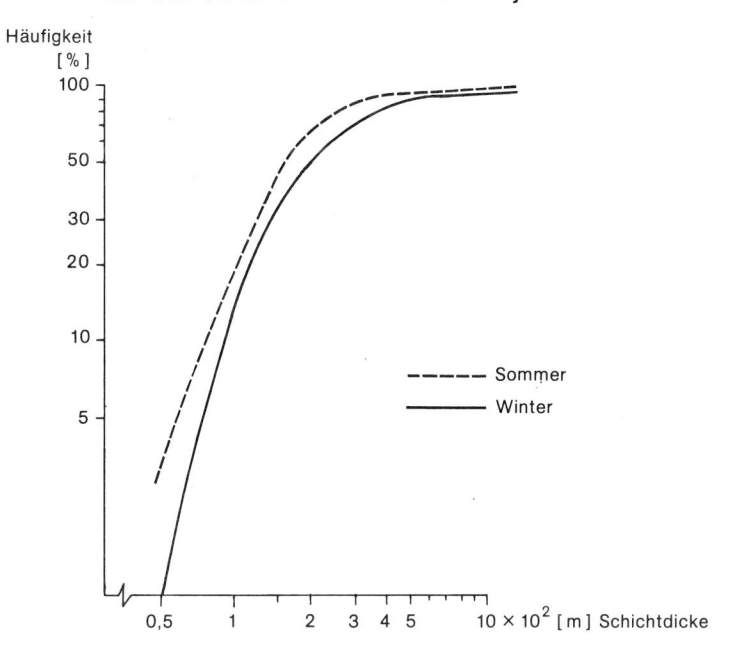

Abb. 19 Vergleich der Summenprozentkurven der Inversionsschichtdicken für das Sommer- und Winterhalbjahr

Aus dem Vergleich der beiden Summenkurven ist ferner zu ersehen, daß sich Inversionen mit Schichtdicken von $\geq$ 500 m sowohl im Sommer (zu 1%) als auch im Winter (zu 3%) nur äußerst selten bilden.

Neben dieser festgestellten jahreszeitlichen Abhängigkeit der Schichtdicken muß anschließend noch der Frage nachgegangen werden, ob auch eine Abhängigkeit in räumlicher Hinsicht besteht, d.h., ob die Inversionsschichtdicken in ihrer vertikalen Erstreckung von der Höhenlage der Inversionsuntergrenzen abhängen oder nicht.

Um das herauszufinden, wurden alle Inversionen mit einer Mächtigkeit von $\geq$ 100 m bis $\leq$ 500 m zur Höhenlage ihrer jeweiligen Inversionsuntergrenzen des Bereiches $\geq$ 200 m ü. NN. bis $\leq$ 900 m ü. NN. zueinander in Beziehung gesetzt.
Das Ergebnis dieser Analyse zeigt die Abbildung 20, in der die Regressionsgeraden[1] für o.g. Inversionsuntergrenzen enthalten sind.
Bei nahezu identischer Steigung der Geraden - ein bestimmter Trend innerhalb des ausgewerteten Bereichs der Inversionsuntergrenzen ließ sich zu bestimmten Schichtdicken nicht feststellen - muß davon ausgegangen werden, daß die Mächtigkeit der Inversionsschichten nicht von der Höhenlage der Inversionsuntergrenzen im Bereich $\geq$ 200 m ü. NN bis $\leq$ 900 m ü. NN. beeinflußt wird.
Wohl aber läßt sich erkennen, daß (beinahe) unabhängig von der Höhenlage der Inversionsuntergrenzen dünne Schichtdicken in allen Höhenlagen häufiger auftreten als mächtigere.
Letztere sind in allen Höhenlagen nur wenig vertreten. Ohne daß es notwendig wäre, auf die Verhältnisse einzelner Inversionsuntergrenzen einzugehen, läßt sich im Überblick sagen, daß dünne Schichtdicken bei allen Inversionsuntergrenzen mit einer Häufigkeit zwischen 18% und 25% ausgebildet sind.
Große Mächtigkeiten der Schichtdicken ($\geq$ 400 m bis $\leq$ 500 m) treten bei allen Inversionsuntergrenzen dagegen nur bis zu maximal 4% auf.

Da die Mächtigkeit der Schichtdicken signifikant negativ mit der Häufigkeit aller Höhenlagen der Inversionsuntergrenzen korreliert, bedeutet das weiterhin, daß im Durchschnitt bei tiefliegenden Inversionsuntergrenzen dünne und mächtige Schichtdicken genauso häufig auftreten können wie bei hochgelegenen Inversionsuntergrenzen.

Es zeigt sich also, daß die Ausbildung dünner bzw. mächtiger Schichtdicken für den oben untersuchten Höhenbereich nicht von der Höhenlage der Inversionsuntergrenzen abhängig ist.

---

1) Folgende Formel wurde zugrunde gelegt:

$$Y = a + bx$$

$$a = \frac{\Sigma x_i^2 \cdot \Sigma y_i - \Sigma x_i \cdot \Sigma x_i \cdot \Sigma y_i}{n \cdot \Sigma x_i^2 - (\Sigma x_i)^2}$$

$$b = \frac{n \cdot \Sigma x_i \cdot y_i - \Sigma x_i \cdot y_i}{n \cdot \Sigma x_i^2 - (\Sigma x_i)^2}$$

Abb. 20 Häufigkeitsverteilung von Inversionsschichtdicken (Bereich 100 - 500m) bei unterschiedlichen Höhenlagen der Inversionsuntergrenzen (Bereich 200 - 900m ü. NN.)

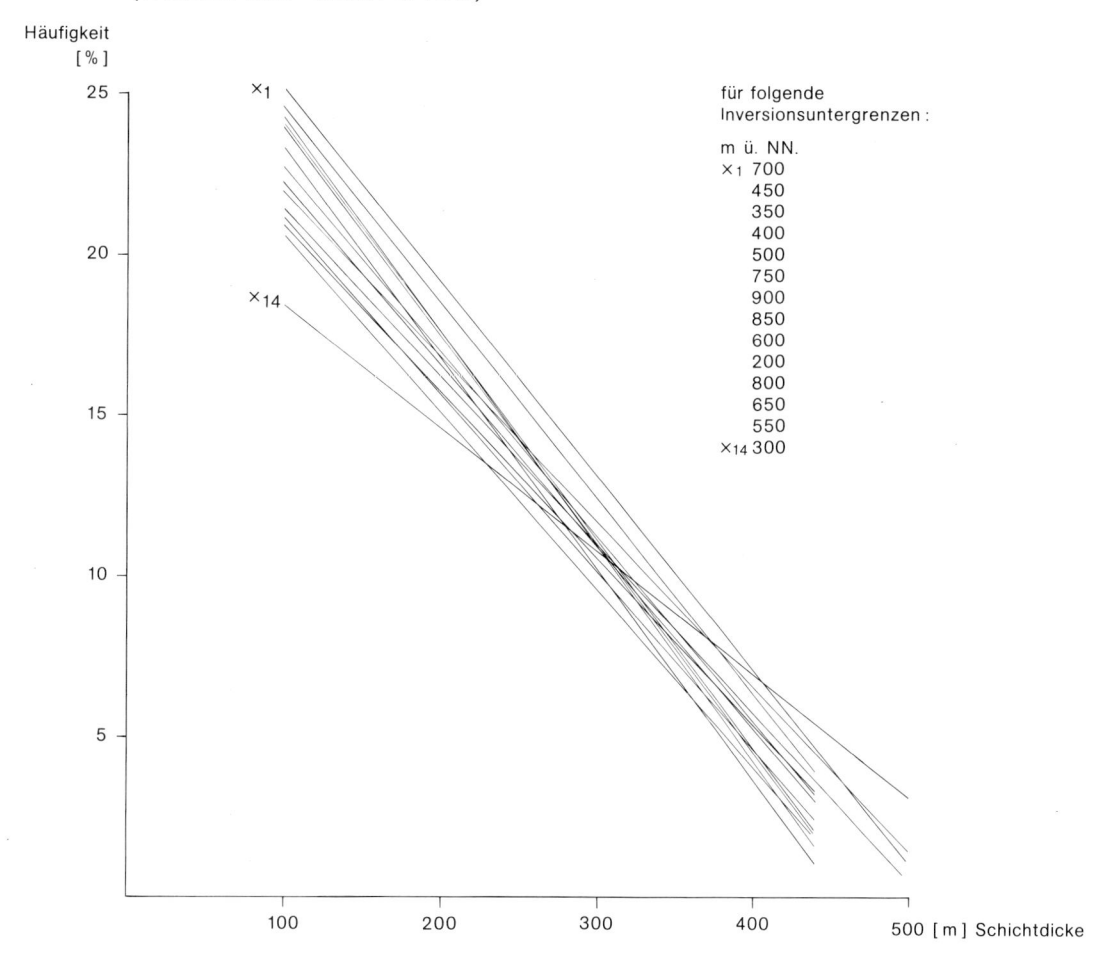

Häufigkeit [%]

für folgende Inversionsuntergrenzen:

m ü. NN.
x₁ 700
450
350
400
500
750
900
850
600
200
800
650
550
x₁₄ 300

Schichtdicke [m]

4.6 Stärke der Inversionen

Beschäftigten sich die bislang dargelegten Untersuchungen weitgehend mit einer Analyse über die Struktur des räumlichen Auftretens von Temperaturinversionen, so soll nunmehr die sich aus der Höhe der Temperaturdifferenz zwischen Inversionsunter- und -obergrenze ergebende Stärke der Austauschbehinderung besprochen werden.

Zur besseren Vergleichbarkeit der Werte wurden hierfür nicht die Temperaturdifferenzen zwischen den einzelnen Inversionsgrenzen erfaßt, sondern der aus den Differenzen errechnete Temperaturgradient (γ in K) innerhalb der Inversion, bezogen auf jeweils 100 m Inversionsschichtdicke.

In Abbildung 21 werden die mittleren monatlichen Temperaturgradienten der mittäglichen Inversionen dargestellt. Hieran zeigt sich recht deutlich, daß in den Wintermonaten ($\bar{\gamma}$ = -0,91 K) unabhängig von der Höhenlage und der Inversionsschichtdicke im Vergleich zu den Sommermonaten ($\bar{\gamma}$ = -0,60 K) Temperaturumkehrschichten über eine größere Stärke verfügen.

Besonders deutlich wird dieser von den Jahreszeiten abhängige Sachverhalt, wenn die Temperaturgradienten aller erfaßten Inversionen abgestuften Klassen zugeordnet werden, wie es Tabelle 2 zeigt. Ohne auf einzelne Monatswerte näher eingehen zu wollen, ergibt sich aus der für jede Gradientenklasse gebildeten Summe eine Häufung von ca. 70% für den Bereich $0 K \geq \gamma \leq -1 K$.

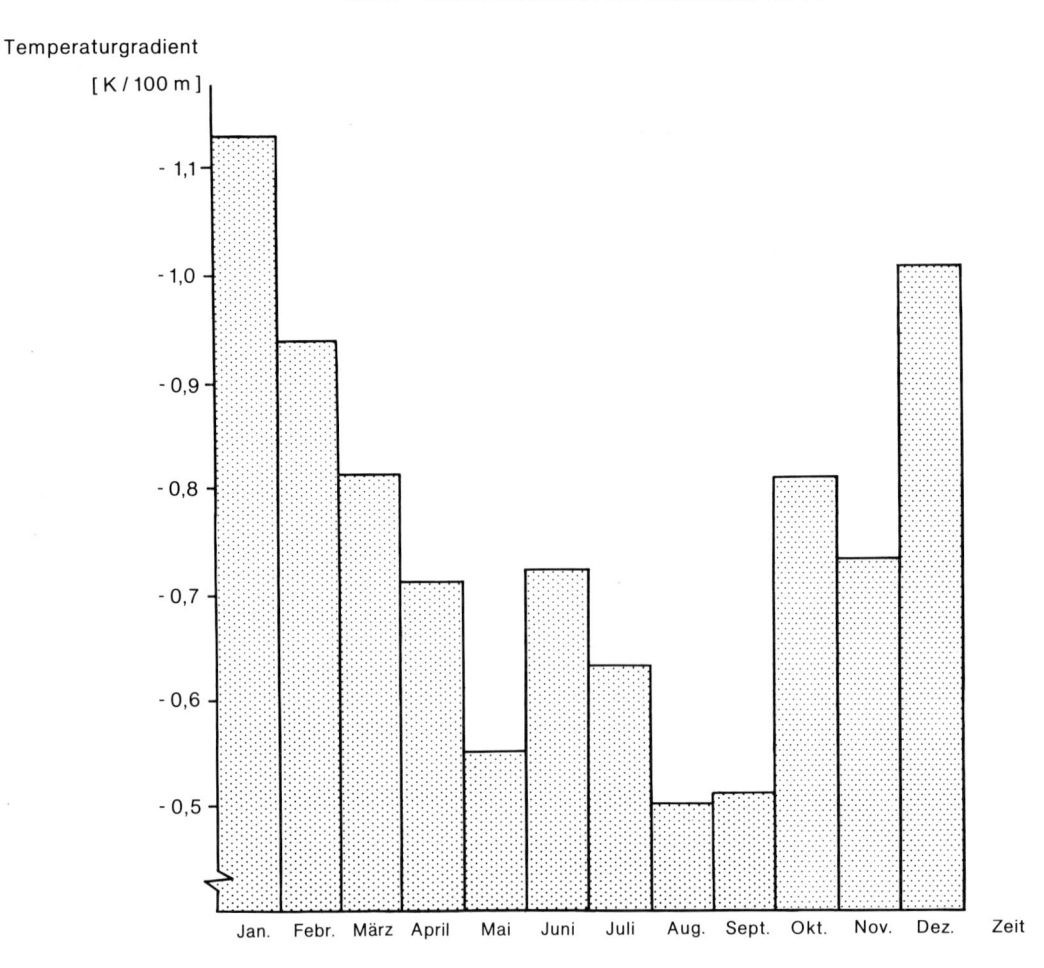

Abb. 21 Mittlere monatliche Temperaturgradienten aller Inversionsschichtdicken in K

Temperaturgradient [K / 100 m]

(Balkendiagramm mit monatlichen Werten: Jan., Febr., März, April, Mai, Juni, Juli, Aug., Sept., Okt., Nov., Dez.)

Ca. 20% aller Inversionen treten mit einem Temperaturgradienten $-1\ K < \gamma \leq -2\ K$ auf, 5% sämtlicher Sperrschichten erreichen eine Temperaturzunahme von $-2\ K < \gamma \leq -3\ K$. Die restlichen 5% hingegen verteilen sich in unterschiedlichem Maße auf die Klassen $-3\ K < \gamma \leq -9{,}2\ K$.

Anhand dieser Auswertung läßt sich gut erkennen, daß die während des Beobachtungszeitraumes auftretenden Inversionen in der überwiegenden Anzahl aufgrund ihrer Gradientstärke relativ schwache Sperrschichten darstellen; extreme Situationen ergeben sich dagegen nur äußerst selten. Wenn sie auftreten, entstehen sie überwiegend während der Wintermonate; denn wie Tabelle 2 zu entnehmen ist, entfällt bei Zunahme der Inversionsstärke die größere prozentuale Häufigkeit jeweils auf das Winterhalbjahr.

So entstehen von den insgesamt 70% schwachen Inversionen ($\gamma \leq -1\ K$) rund 20% im Sommerhalbjahr, 50% dagegen im Winterhalbjahr. In der nächsthöheren Klasse ($\gamma \leq -2\ K$) bilden sich von den insgesamt 20% Inversionen nur noch 3% im Sommerhalbjahr, dagegen 17% im Winterhalbjahr. Von den 5% der Sperrschichten, deren Temperaturgradienten Werte von $\gamma \geq -3\ K$ besitzen, bilden sich schließlich nur noch 0,7 % in den Sommermonaten und 4,3% in den Wintermonaten Oktober bis März. Die äußerst seltenen noch stärkeren Inversionen treten darüber hinaus fast ausschließlich in der kalten Jahreszeit auf.

Tabelle 2: Prozentuale monatliche Häufigkeitsverteilung verschiedener Temperaturgradientenklassen für alle Inversionsschichtdicken (γ in K/100 m)

Klasse / Monat	-0,2	-0,4	-0,6	-0,8	-1,0	-1,2	-1,4	-1,6	-1,8	-2,0	-2,2	-2,4	-2,6	-2,8	-3,0	-3,2	-3,4	-3,6	-3,8	-4,0	-4,2	-4,4	-4,6	-4,8	-5,0	-5,2	-5,4	-5,6	-5,8	≥ 6,0	- ≤ 9,2
Januar	2,2	1,6	2,0	1,5	1,6	1,1	1,0	0,9	0,4	0,5	0,3	0,3	0,3	0,2	0,2	0,1	0,2	0,2			0,1										0,2
Februar	1,9	1,7	1,9	1,2	0,9	0,8	0,9	0,9	0,1	0,5	0,2	0,1		0,3	0,1			0,1				0,1	0,1	0,1		0,1					0,2
März	2,0	1,5	0,6	1,7	0,6	0,7	0,6	0,4	0,1	0,3			0,1	0,1			0,1		0,1			0,1				0,1	0,1				
April	1,1	0,6	0,5	0,5	0,1		0,3	0,1	0,1	0,1		0,1			0,1		0,1										0,1				
Mai	1,1	0,2	0,6	0,5	0,3	0,2	0,1				0,1					0,1	0,1														
Juni	0,9	0,7	0,3	0,5	0,1	0,2	0,1	0,1							0,1																
Juli	1,2	0,5	0,4	0,5	0,3	0,3	0,2		0,1		0,1	0,1			0,1				0,1												
August	1,8	0,7	0,5	0,9	0,3	0,1	0,1	0,1	0,1	0,1	0,1					0,1							0,1								
September	1,8	1,1	0,6	0,9	0,8	0,1	0,1	0,2	0,1											0,1											
Oktober	2,4	1,6	1,1	1,3	1,3	0,6	0,7	0,3	0,4	0,3	0,3	0,1	0,1	0,1	0,1	0,1							0,1	0,1				0,1			
November	3,0	1,5	1,6	1,5	0,9	0,6	0,5	0,5	0,3	0,4	0,2	0,1	0,1	0,1				0,1						0,1							0,1
Dezember	2,8	1,8	2,1	1,7	1,6	1,0	0,5	0,5	0,7	0,4	0,2	0,3		0,2	0,2	0,3	0,1	0,1		0,1	0,3	0,1	0,1				0,1				0,4
Sommer-halbjahr :	7,9	3,8	2,9	3,8	1,9	1,0	0,9	0,6	0,9	0,4	0,2	0,2	0,0	0,0	0,3	0,2	0,2	0,0	0,1	0,1	0,0	0,0	0,1	0,0		0,0	0,1	0,0		0,0	
Winter-halbjahr :	14,3	9,7	9,3	8,9	6,9	4,8	4,2	3,5	2,0	2,4	1,2	0,9	0,6	1,0	0,6	0,5	0,4	0,5	0,1	0,1	0,4	0,3	0,4	0,4		0,2	0,2	0,1		0,9	
Gesamt :	22,2	13,5	12,2	12,7	8,8	5,8	5,1	4,1	2,4	2,8	1,4	1,1	0,6	1,0	0,9	0,7	0,6	0,5	0,2	0,2	0,4	0,3	0,5	0,4		0,2	0,3	0,1			0,9

4.7 Abhängigkeit der Inversionsstärke von der Inversionsmächtigkeit

Während im letzten Kapitel die jahreszeitliche Häufung im Auftreten unterschiedlich starker Inversionen dargestellt wurde, soll an dieser Stelle untersucht werden, ob Abhängigkeiten zwischen der Stärke einer Inversion und deren Mächtigkeit (Schichtdicke) bestehen.

Zur Klärung dieser Frage wurden alle Inversionen ausgewertet, deren Schichtdicke zwischen 50 m und 400 m betrug und die über einen Temperaturgradienten verfügten, der entweder dem Bereich 0 K $\leq \gamma \leq$ - 1 K oder - 1 K < $\gamma \leq$ - 2 K entsprach.
Von den insgesamt 534 untersuchten Fällen wurden für jeden der zwei Temperaturgradientbereiche die jeweiligen Häufungsprozente der Schichtdicken ausgerechnet.
Das Ergebnis dieser Auswertung zeigt Abbildung 22.

Abb. 22 Prozentuale Häufigkeitsverteilung von Inversionsschichtdicken in Abhängigkeit verschiedener Temperaturgradienten

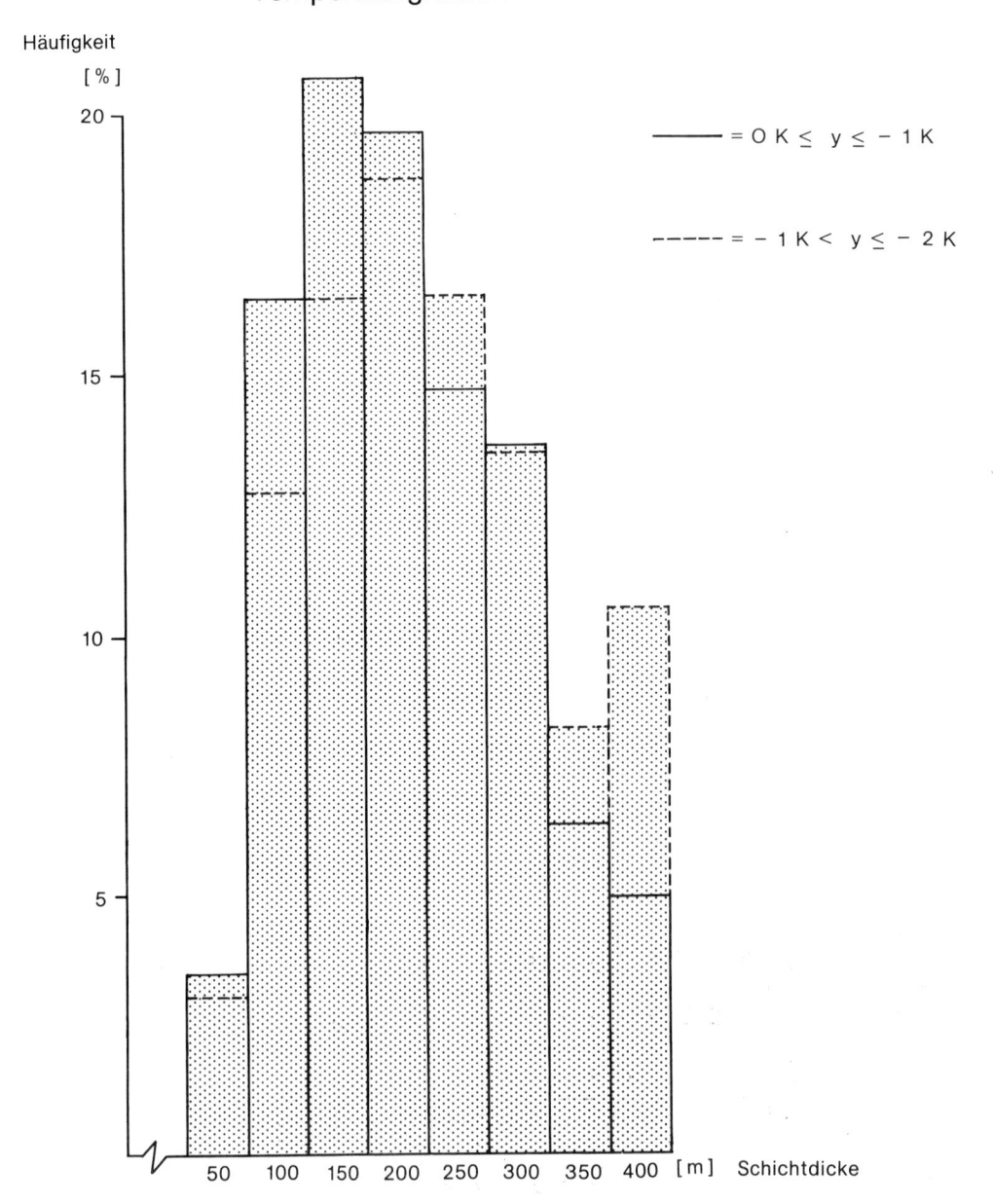

Während Inversionen mit einem Temperaturgradienten $\gamma = \leq -1$ K ein Schichtdickenmaximum bei 150 m besitzen, nehmen stärkere Inversionen ($\gamma = \leq -2$ K) bevorzugt Schichtdicken von 200 m an.

Darüber hinaus fällt auf, daß Inversionen, die dem höheren Temperaturgradientbereich entsprechen, prozentual gesehen mehr mächtigeren Schichtdicken angehören als dem Bereich mit dem kleineren Gradienten.

Das bedeutet, daß Inversionen mit größerer Mächtigkeit eher die Tendenz besitzen, höhere Temperaturgradienten anzunehmen - also intensiver zu sein - als dünnere.

4.8 Mehrtägige Inversionen

Eine weitere wichtige Einflußgröße unter den immissionsklimatologischen Parametern für gesundheitsgefährdende Verhältnisse ist die zeitliche Dauer von Temperaturinversionen.

Zur Auswertung des an der Station Essen erfaßten Datenmaterials wurden 1.391 Inversionen - die jeweils zweiten Inversionen (Anzahl: 118) fanden bei dieser Auswertung keine Berücksichtigung - daraufhin untersucht, wie lange sie an aufeinanderfolgenden Tagen ohne Unterbrechung fortbestanden.

Die Auswertung der Ergebnisse läßt sich anhand der Abbildung 23 wie folgt skizzieren:

Die überwiegende Mehrzahl aller Inversionen dauert maximal nur einen Tag (409 Fälle). Mit zunehmender Dauer nimmt die Häufigkeit stark ab, so daß eine sechstägige Inversion sich z.B. insgesamt nur siebenmal im Laufe des 11jährigen Untersuchungszeitraumes nachweisen läßt.

Bei den mehr als 10 Tage ununterbrochen andauernden Inversionen sinkt die Häufigkeit rapide unter fünf Fälle in 11 Jahren ab. Noch längere Inversionen von 12- bis 20tägiger Dauer treten nur noch vereinzelt, ein- oder zweimal, während des Beobachtungszeitraumes auf.

Berechnet man ferner den Zeitraum, der verstreichen muß, bis erneut mit dem Auftreten einer ein- bzw. mehrtägigen Inversion gerechnet werden muß (Wiederholungszeitraum), so ergibt sich folgender Sachverhalt:

Während eintägige Inversionen noch relativ häufig - etwa alle 10 Tage - auftreten, vergrößert sich mit der Zunahme der Inversionsdauer sehr schnell deren zeitlicher Wiederholungsabstand, wie die halblogarithmische Darstellung in Abbildung 24 zeigt.

Nach dieser Auswertung ist z.B. mit der Bildung einer erneuten sechstägigen Inversion etwa alle 1 1/2 Jahre, mit einer 10- bis 11tägigen sogar im Mittel erst nach 3 1/2 bzw. 5 1/2 Jahren zu rechnen.

Aus dieser Analyse wird deutlich, daß im Durchschnitt die Voraussetzungen für ausschließliche Inversionslagen, bei denen eine für eine austauscharme Wetterlage noch notwendige Schwachwindperiode nicht berücksichtigt wurde, recht selten gegeben sind.

Das relativ seltene Auftreten längerdauernder Inversionssituationen läßt sich darüber hinaus in bezug auf seine jahreszeitliche Abhängigkeit noch durch den Vergleich der Jahresgänge ein- bis fünftägiger Inversionen verdeutlichen und weiter eingrenzen.

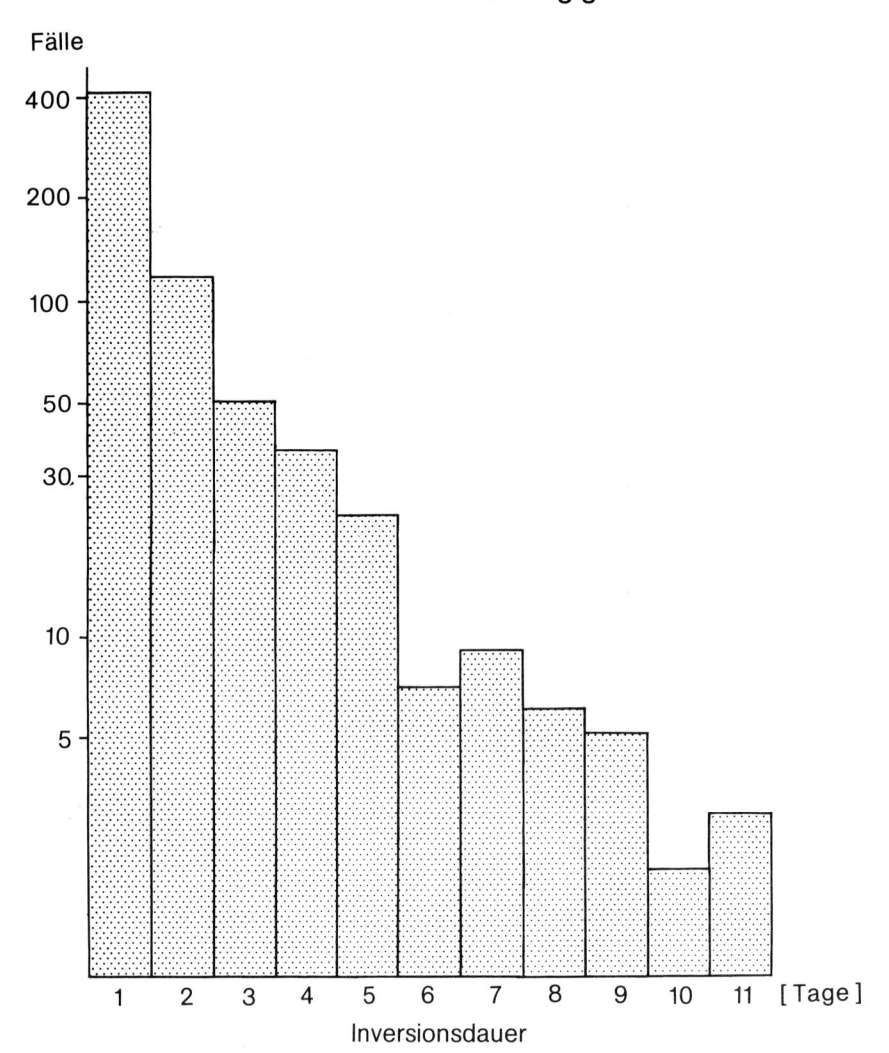

Abb.23 Anzahl ein- und mehrtägiger Inversionen

Fälle

Inversionsdauer [Tage]

Die in Abbildung 25 (s. S. 38) dargestellten Abhängigkeitsverhältnisse berücksichtigen ausschließlich eine bis zu fünftägige Inversionsdauer, da die noch länger anhaltenden Sperrschichten sich mit fast ausschließlicher Dominanz im Winterhalbjahr bilden.

So lassen eintägige Inversionen keinen ausgeprägten Jahresgang erkennen, obwohl bei einer Gegenüberstellung der Summenkurvenprozente für das Winter- und Sommerhalbjahr ein sich andeutender leichter Unterschied mit einem Anteil von 49% in den Sommermonaten gegenüber 51% in den Wintermonaten erkennbar ist.

Im Jahresgang der zweitägigen Inversionen fällt die sprunghafte Abnahme von März zu April sowie das geringste Vorkommen im Monat Mai auf. Eine maximale Verbreitung finden diese Inversionen im Oktober, November, Januar und März.

Mit 66% an der Gesamtsumme herrschen die an zwei aufeinanderfolgenden Tagen auftretenden Inversionen im Winterhalbjahr gegenüber 34% im Sommerhalbjahr vor.

Abb. 24 Mittlerer Wiederholungszeitraum ein- und mehrtägiger Inversionen

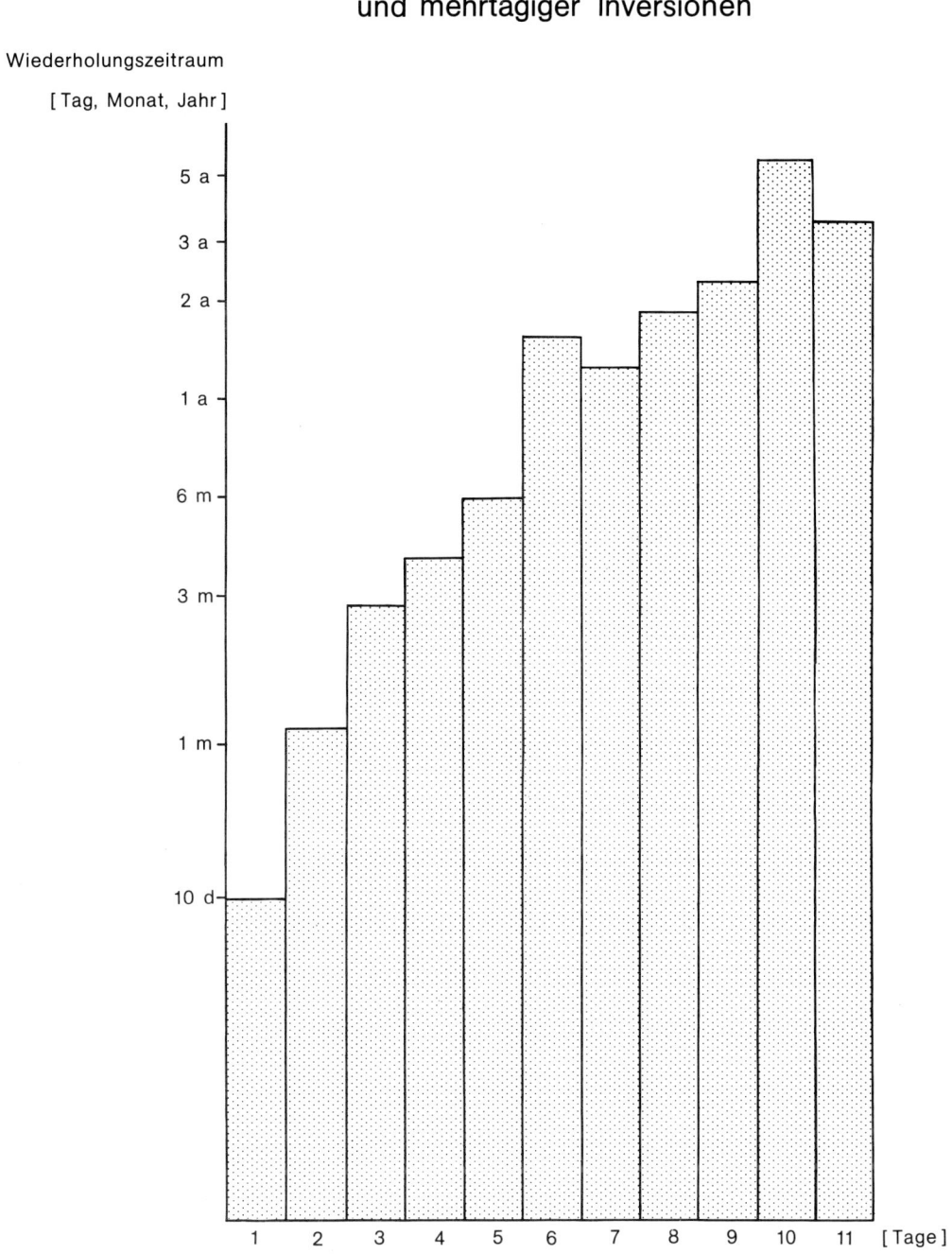

Abb. 25 Jahresgang ein- und mehrtägiger Inversionen

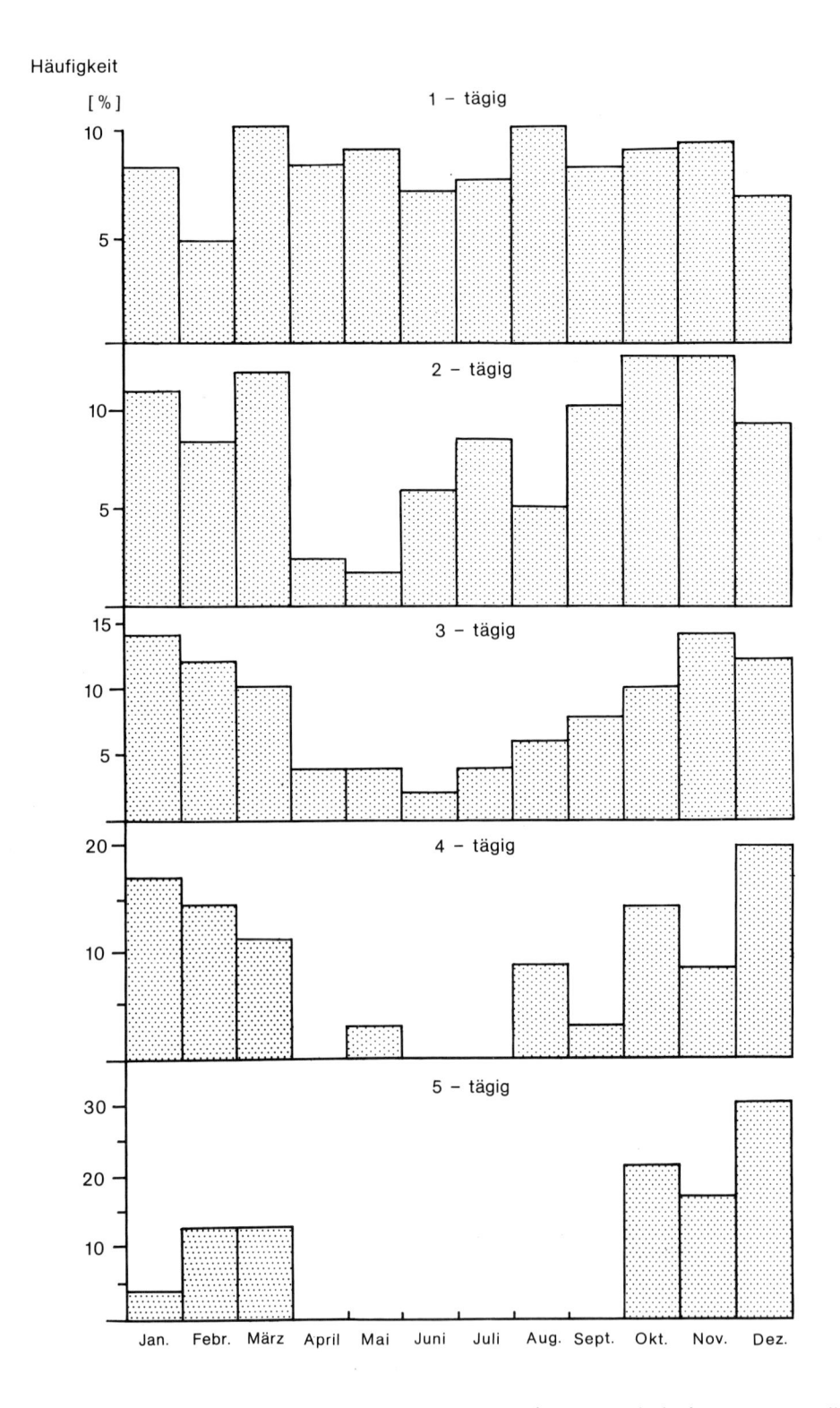

Während das Auftreten der eintägigen Inversionen noch keinen ausgeprägten Jahresgang zeigt, tritt dieser bei den zweitägigen Inversionen mit einer Verlagerung der Häufung in die Wintermonate schon deutlicher in Erscheinung.

Dieser Trend setzt sich bei den dreitägigen und viertägigen Inversionen fort, so daß im Winterhalbjahr schon eine Häufung von 72% bzw. 86% gegenüber 28% bzw. 14% in den Sommermonaten auftritt.

Von den fünftägigen Inversionen schließlich bilden sich ausnahmslos alle Sperrschichten im Winterhalbjahr aus; besonders verstärkt in den Monaten Oktober, November und Dezember.

4.9 Zusammenfassende Diskussion der Ergebnisse

Aus der vorliegenden Auswertung von 1.509 Inversionsereignissen, die innerhalb des elfjährigen Beobachtungszeitraumes (1966 - 1976) erfaßt wurden, sollen nunmehr die wichtigsten Ergebnisse zusammengefaßt werden:

1. Die Analyse des Inversionsverhaltens zeigte in bezug auf die vertikalen Austauschverhältnisse recht deutlich eine jahreszeitliche Benachteiligung des Winterhalbjahres, in dem es gegenüber dem Sommerhalbjahr wesentlich häufiger und intensiver zu einer Austauschbehinderung durch Temperaturinversionen kam.

    Während sich im Durchschnitt in den Monaten Oktober - März 78% aller Inversionen bildeten, verteilten sich die restlichen 22% mehr oder weniger gleichmäßig auf das Sommerhalbjahr (April - September).

    Als inversionsreichster Monat stand der Dezember mit ca. 15% aller jährlich erfaßten Inversionen im Vordergrund, als inversionsärmster dagegen der Juni (3%) (vgl. Abb. 8, S. 20).

2. Auch in der räumlich-vertikalen Ausbreitung der Sperrschichten waren die Wintermonate insofern vorherrschend, als daß häufiger (zu 59%) niedrigere Inversionsuntergrenzen ($\leq$ 550 m ü. NN.) auftraten gegenüber dem Sommerhalbjahr, in dem der Anteil der Inversionen, die bis zu dieser Höhenlage entstanden, auf 27% zurückging (vgl. Abb. 10, S. 22).

3. Darüber hinaus ließen sich insbesondere während der kalten Jahreszeit neben den niedrig gelegenen Inversionen noch gleichzeitig auftretende hochgelegene zweite Sperrschichten erkennen, die jedoch relativ selten und meist erst in einer Höhe von _ 600 m ü. NN. auftraten (vgl. hierzu Abb. 14 und 15, S. 26).

4. Ebenfalls fast ausschließlich auf das Winterhalbjahr beschränkte sich auch das zwar geringe Auftreten von Bodeninversionen, die jedoch bei mittleren Mächtigkeiten um 250 m (2/3 aller Fälle) insbesondere einen großen Einfluß auf die im Winterhalbjahr erhöhten Emissionen bodennaher und mittelhoher Emittenten besitzen (vgl. Abb. 16 und 17, S. 27 und 28).

5. Ein deutlicher Jahresgang trat ebenfalls bei der Ausbildung der Inversionsmächtigkeit von freien, nicht bodengebundenen Inversionen auf; denn während im Winter z.B. fast 44% aller Umkehrschichten eine Mächtigkeit von $\geq$ 200 m besaßen, wurden im Sommer nur 28% dieser Schichtdicke erreicht.
    Äußerst selten konnten z.B. mächtigere Schichtdicken von $\geq$ 550 m beobachtet werden, die sich im Winter mit einer Häufigkeit von < 3%, im Sommer zu nicht einmal 1% bildeten (vgl. Abb. 18 und 19, S. 29).
    Eine Abhängigkeit der verschiedenen Schichtdicken zur Höhenlage ihrer jeweiligen Inversionsuntergrenzen konnte dagegen für den hier ausgewerteten Höhenlagenbereich nicht gefunden werden (vgl. Abb. 20, S. 31).

6. Neben dem winterlichen Ansteigen der Schichtdicken ließ sich gegenüber dem Sommerhalbjahr auch eine Zunahme in der Stärke der Temperaturinversionen erkennen, wobei festzuhalten bleibt, daß die äußerst starken Sperrschichten sehr selten (< 1% aller Inversionen) und ausnahmslos in der Zeit zwischen Oktober bis März in Erscheinung traten (vgl. Abb. 21 und Tabelle 2, S. 32 und 33).

7. Die zum Abschluß der Analysen untersuchte Frage, wie häufig ein ein- bzw. mehrtägiges Inversionsereignis innerhalb des Beobachtungszeitraumes auftrat, ergab deutlich die relativ große Seltenheit längerdauernder Inversionslagen (vgl. Abb. 23, S. 36) mit fast ausschließlichem Auftreten im Winterhalbjahr.

Insgesamt kann festgestellt werden, daß die hier für einen austauschbehindernden Faktor durchgeführte Analyse deutlich macht, daß mehrtägige Inversionswetterlagen mit tiefliegenden, stark ausgeprägten Sperrschichten äußerst selten und nur im Winterhalbjahr auftreten.

Infolge des episodischen Auftretens kalter Winter bildete sich eine über mehrere Tage andauernde austauschbehindernde Wettersituation innerhalb des Beobachtungszeitraumes (1966 - 1976) im Ruhrgebiet nicht.

Aus der Vergangenheit wurde aber immer wieder von episodisch auftretenden austauscharmen Wetterlagen in Industriegebieten berichtet, in deren Gefolge sich hohe Luftverunreinigungskonzentrationen äußerst negativ auf die Bevölkerung auswirkten.

Obwohl diese Wettersituationen selten sind, stellen sie, wenn sie auftreten, eine große Belastung in lufthygienischer Hinsicht dar. Deshalb besteht auch gerade dann wegen der von der Höhenlage abhängigen gleichzeitig auftretenden Witterungsgegensätzlichkeit eine in dieser Hinsicht präventiv zu nutzende Möglichkeit, über der Inversion liegende Gebiete aufzusuchen.

5. Austauscharme und gesundheitsgefährdende Wetterlagen

5.1 Begriff und Definition

Unter einer Großwetterlage wird mit BAUR (3) im wesentlichen eine mittlere Luftdruckverteilung verstanden, die bei einer gewissen räumlichen Ausdehnung einige Tage lang vorherrscht. Unter den einflußnehmenden Faktoren fällt nicht zuletzt dem Zeitraum eine relativ große Bedeutung zu.
Großwetterlagen können aufgrund ihrer unterschiedlich starken Austauschbeeinflussung austauscharm oder austauschstark in Erscheinung treten.

Als austauscharm wird eine Wetterlage dann charakterisiert, wenn sie sich sowohl durch eine Behinderung des vertikalen als auch des horizontalen bodennahen Austausches auszeichnet. Hält dabei eine solche Austauscharmut über einen längeren Zeitraum (einige Tage z.B.) an, so kann sich die ungenügende Durchlüftung der bodennahen Luftschichten insbesondere für die Bevölkerung permanent unter der Luftverschmutzung leidender industrieller Agglomerationszentren zu einer gesundheitsgefährdenden Wettersituation entwickeln.

Als austauschstark bzw. austauschreich bezeichnet man dagegen solche Wetterlagen, die bei genügend großer Windstärke und bei labilen Schichtungsverhältnissen sowohl einen horizontalen als auch vertikalen Abtransport von Luftverunreinigungen gewährleisten.

Bei austauscharmen bzw. austauschwachen Wetterlagen traten nach EMONDS (24) folgende Luftdruckverteilungen auf, die beispielsweise im Raum Aachen für erhöhte Staubkonzentrationen sorgten:

- Abgeschlossenes Hoch über Mitteleuropa (HM-Lage)[1]
- Hochdruckbrücke über Europa (BM-Lage)
- Zyklonale und antizyklonale Südostlage (SEa- und SEz-Lage)
- Hoch über Fennoskandien; zyklonal, antizyklonal (HFa- und HFz-Lage)
- Hoch über den Britischen Inseln (HB-Lage)

Diesen im wesentlichen durch gradientschwache Hochdruckgebiete charakterisierte Großwetterlagen stehen die austauschstarken, eine Akkumulation von Schadstoffen verhindernden Druckverteilungen gegenüber:

- Zyklonale und antizyklonale Westlage (Wz- und Wa-Lage)
- Zyklonale und antizyklonale Südwestlage (SWz- und SWa-Lage)
- Abgeschlossenes Tief über Mitteleuropa (TM-Lage)
- Trog über Westeuropa (TRW-Lage)

Während bei letztgenannten Wetterlagen zyklonale Störungsausläufer für eine turbulente Durchmischung der bodennahen Luftschichten sorgen, zeichnen sich austauscharme Wetterlagen i.a. durch eine schwache Windbewegung bei begünstigender Inversionsbildung aus.

Um neben diesen "rein qualitativen Erscheinungen", die eine Austauschbehinderung verursachen, auch "ein quantitatives Maß der Beschreibung der Austauscharmut zu definieren" (28, S. 3; 58), werden die bodennahen Austauschverhältnisse für Berlin z.B. durch einen sog. "Stagnationsindex" charakterisiert.
Grundlage dieser Indexzahlen bilden die Werte der Bodenwindgeschwindigkeit und die jeweilige Dicke der bodennahen Mischungsschicht, deren Angaben eine Berechnung der Durchlüftungsmöglichkeit der unteren Luftschichten zuläßt.

---

[1] Die allgemein verwendeten Abkürzungen sind dem "Katalog der Großwetterlagen" von HESS & BREZOWSKY (52) entnommen.

Auch JOST (57) setzt sich für eine "schärfere" Fassung des Begriffes der Austauscharmut ein; denn er konnte anhand seiner Beobachtungen während einer "austauscharmen Wetterlage im Gebiet von Frankfurt/M." keine Akkumulation von Schadstoffen nachweisen.
In diesem Zusammenhang macht er unter Bezug auf GEORGII (37) und BREUER & WINKLER (13) auf den Einfluß der Lufttemperatur aufmerksam, den er als weiteren zu beachtenden Faktor bei der Bestimmung einer austauschbehinderten Wettersituation vorschlägt. Nach seinen Ergebnissen konnte für Frankfurt/M. nämlich gezeigt werden, daß eine empirisch gefundene Abhängigkeit zwischen der SO_2-Immissionskonzentration, die sich im wesentlichen aus Hausbrandabgasen zusammensetzte, und der Tagesmitteltemperatur besteht.

Trotz der vielfach unterschiedlich festgelegten Beurteilungsgrößen lassen sich generell jedoch nachfolgende Grundbedingungen nennen, bei deren gleichzeitiger Erfüllung in der Regel mit einer austauscharmen bzw. gesundheitsgefährdenden Wetterlage gerechnet werden muß:

1. Auftreten von Windstillen bzw. Schwachwindlagen am Boden sowie schwach ausgeprägter Höhenwind

2. Vorherrschen von Bodeninversionen bzw. Inversionen in geringer Höhenlage über dem Erdboden

3. Eine genügend hohe Temperaturdifferenz zwischen der Inversionsunter- und deren Obergrenze, wodurch die Stärke der vertikalen Austauschbehinderung angegeben werden kann (bzw. Angabe des in der Inversionsschicht herrschenden Temperaturgradienten)

4. Andauer der gleichzeitig bestehenden Bedingungen zu 1. bis 3. über mehrere Tage

Diese Voraussetzungen sind z.B. für die praxisbezogene Anwendung im Ruhrgebiet in der "Verordnung zur Verhinderung schädlicher Umwelteinwirkungen bei austauscharmen Wetterlagen" (120, S. 1432) enthalten. Hiernach wird immer dann von einer austauscharmen Wetterlage ausgegangen, "wenn in einer Luftschicht, deren Untergrenze weniger als 700 m über dem Erdboden liegt, die Temperatur der Luft mit der Höhe zunimmt (Temperaturumkehr) und die Windgeschwindigkeit in Bodennähe während einer Dauer von 12 Stunden im Mittel kleiner als 1,5 m/s ist. Ob eine Temperaturumkehr vorliegt, wird an einer für das jeweilige Smog-Gebiet repräsentativen Stelle durch die Aufnahme eines vertikalen Temperaturprofiles der Atmosphäre über eine Höhe von mindestens 1.000 m festgestellt".

Sind neben diesen meteorologischen Faktoren auch noch weitere sog. "Randbedingungen" erfüllt[1], zu denen z.B. sowohl die Höhe als auch die Dauer der an den einzelnen Luftüberwachungsstationen gemessenen Immissionskonzentrationen gehören, so kann ein abgestufter "Smogalarm" mit seinen differenzierten Bestimmungen[2] für die Belastungsgebiete ausgelöst werden.

---

1) STRATMANN, mündliche Mitteilung: Tagung "Chemische Probleme auf dem Gebiet der Luftreinhaltung" vom 28.2.1977 und vom 16.3.1978.

2) Differenzierte Angaben zum "Smogalarm" in: "Luftverunreinigungen im Raum Duisburg, Oberhausen, Mülheim" (88, S. 133).

5.2 "Smog" als Kennzeichen austauscharmer und gesundheitsgefährdender Wetterlagen

Die unter dem Einfluß austauscharmer Wetterlagen in industriellen Ballungsgebieten sichtbar angereicherten Luftverunreinigungen faßt man unter dem Begriff "Smog" zusammen.

Aus der Zusammensetzung der englischen Wörter "smoke" und "fog" gebildet, wurde erstmals 1905 in London dieser Begriff für die "Mischung aus industriellem Rauch und natürlichem Nebel" (86, S. 3) verwendet. In der Folgezeit erlangte dieser Ausdruck globale Anwendung für anthropogene gas- und partikelförmige luftfremde Schadstoffe aller Art auch dann, wenn eine hohe Luftfeuchtigkeit nicht am Verschmutzungsprozeß beteiligt war.[1]

Insbesondere aufgrund der ohne Anwesenheit von Nebel seit den 40er Jahren dieses Jahrhunderts auffallend häufig im Großraum Los Angeles auftretenden Luftverunreinigungen unterschied man verschiedene Smogarten.

Wegen der zunächst angenommenen geographischen Einmaligkeit dieses vor allem aus Autoabgasen (unverbrannte Kohlenwasserstoffe) photochemisch gebildeten Smogs, dessen Indikatorgas man in der höchst aggressiv wirkenden Sauerstoffmodifikation, dem Ozon, sieht (6; 7; 14; 118), wurde diese Luftverschmutzung <u>Los Angeles-Smog</u> genannt.

Im Gegensatz dazu bezeichnete man den in den Industriegebieten der Mittelbreiten auftretenden "schwefelsauren feuchten Smog" (6) als <u>London - Smog</u>.

Die gegensätzlichen charakteristischen Kennzeichen und Auswirkungen des sich im Winter bildenden <u>London-Smog</u> und des im Sommer auftretenden <u>Los Angeles-Smog</u> wurden einer besseren Vergleichbarkeit wegen in der folgenden Tabelle unter teilweiser Verwendung der Angaben von GEORGII (36) zusammengestellt.

Da in den letzten Jahren in einigen Industriegebieten der mittleren Breiten besonders bei hohem sommerlichen Strahlungsgenuß neben dem Smog vom London-Typ auch solcher vom Los Angeles-Typ nachgewiesen werden konnte (7; 12; 14; 43; 108; 113), sollten m.E. die zur Typisierung verwendeten geographischen Begriffe beider Smogarten zugunsten einer Unterscheidung nach ihren hauptsächlichen <u>Bestandteilen</u> aufgegeben werden.

Aus dem sich bei hoher Strahlungsintensität auch in den mittleren Breiten bildenden <u>Los Angeles-Smog</u> wird dann terminologisch ein O_3-<u>SMOG</u> und aus dem <u>London-Smog</u> ein SO_2-<u>SMOG</u>, wobei letztgenannter besonders im Winter in den mitteleuropäischen Industriegebieten für tagelang andauernde Smogperioden charakteristisch werden kann, so wie er in Form der Smogkatastrophen in der Vergangenheit traurige Berühmtheit erlangte.

---

[1] Obwohl eine Luftverunreinigung ohne die gleichzeitige Anwesenheit einer hohen Luftfeuchte nicht mit "Smog" bezeichnet werden sollte (STRATMANN weist hierauf mit Nachdruck hin; zuletzt anlässlich der Tagung "Chemische Probleme auf dem Gebiet der Luftreinhaltung", März 1978), wird dieser Begriff wegen seiner eingebürgerten Verwendung im Rahmen dieser Arbeit allgemein für die Akkumulation luftfremder Stoffe während austauscharmer Wetterlagen angewandt.

Tabelle 3: Gegenüberstellung der charakteristischen Kennzeichen und Wirkungen von Los Angeles-Smog und London-Smog [1] [2]

Kennzeichen/Wirkung	Los Angeles-Smog (Ozon-Smog)	London-Smog (Schwefeldioxid-Smog)
Lufttemperatur	$25°$ C bis $35°$ C	$-3°$ C bis $+5°$ C
relative Luftfeuchte	unter 70%	über 80%
Windgeschwindigkeit	unter 2 m/sec	unter 2 m/sec
Sicht	800 m bis 1.600 m	0 m bis 30 m
notwendige Strahlungsbedingungen	Erhöhung der UV-Strahlung ($\lambda <$ 400 nm)	nicht notwendig einflußnehmend
Inversionstyp	Absinkinversion	Boden-/Absinkinversion
häufigstes Auftreten	Sommer-Frühherbst (Juli-Oktober)	Winter (November-Januar)
Schadstoffindikatoren	Ozon (Stickoxide, Kohlenwasserstoffe)	Schwefeldioxid und Umwandlungsprodukte, Ruß
Bildung vorwiegend durch Verbrennen von	Öl und Benzin	Kohle und Ölprodukten
Entstehung	innerhalb kurzer Zeit in der Luft durch photoinduzierte Reaktionen	in den Verbrennungsräumen der Emittenten
Art der Luftverunreinigung	überwiegend gasförmig	partikelgebunden und gasförmig
Erreichen der maximalen Konzentrationen	sommerlicher, mittäglicher Sonnenhöchststand (Sommersmog)	morgens und abends im Winter (Wintersmog)
wirkt chemisch	oxidierend	reduzierend
Wirkung auf Mensch, Pflanze und Materialien	Bindehautreizung; Ozonflecken bzw. Blattpigmentschäden; Gummizersetzung	Reizung der Atemorgane; Schädigung von Nadelbäumen; Zersetzung von Sandstein

[1] Die klimatologischen Daten folgen z.T. den Angaben von GEORGII (1963).

[2] Inzwischen veröffentlicht in: Erdkunde 33 (3), 1979, S. 236-240.

5.3 Zur Analyse von Smogperioden

5.3.1 Charakteristika und Auswirkungen auf die menschliche Gesundheit

Besonders in den letzten Jahrzehnten (21) traten in großen industriellen Agglomerationszentren Smogkatastrophen auf, die sich in überaus starkem Maße auf das gesundheitliche Wohlbefinden der Bevölkerung auswirkten.

Prinzipiell lassen sich solche "Rauchnebellagen" (66) besonders in denjenigen Industriegebieten beobachten, wo als "begünstigende Faktoren die orographische Situation, eine starke Industrialisierung des betreffenden Gebietes, eine hohe Bevölkerungsdichte und als auslösender Faktor die austauscharme Wetterlage mit Inversionsbildung" zusammentreffen (38, S. 216). London, die Ballungszentren der Schwerindustrie im belgischen Maastal, Donora (Pennsylvanien) und Los Angeles sind die bekanntesten Beispiele dafür. Hinsichtlich der lufthygienischen Situation sind dagegen solche Räume weniger stark gefährdet, bei denen die topographische Lage einen günstigeren Einfluß auf die Ausbreitungsbedingungen nimmt. Dies trifft z.B. für die Industriegebiete in Küstenlage wie etwa Rotterdam, Hamburg und New York zu, deren Austauschbegünstigung in dem an der Küste auftretenden größeren Windreichtum und dem sich darüber hinaus bei störungsfreien Wetterlagen (10) entwickelnden Land-See-Windsystem zu suchen sind. In diesem Zusammenhang muß noch als weiteres austauschbegünstigtes Industriegebiet das Ruhrgebiet genannt werden, in dem allerdings durch die Oberflächenformung keine wesentliche Behinderung der Durchlüftung auftritt. Doch unabhängig davon kann man aber auch in diesen austauschstärkeren Räumen Smogperioden unterschiedlicher Intensität und Dauer beobachten. Bei deren Zustandekommen spielen dann insbesondere die Konstellation und die daraus resultierende Einflußnahme der vorherrschenden Großwetterlage die überragende Rolle.

Um das Wesen und die Auswirkungen dieser in bioklimatischem Sinne in hohem Maße gesundheitsgefährdenden Smog-Wetterlagen im Überblick beispielhaft analysieren zu können, wurden die bekanntesten "Giftnebelkatastrophen" (21) nach den sie charakterisierenden Faktoren tabellarisch zusammengestellt (Tabelle 4, S. 46, Spalten I bis XII). Bei deren Untersuchung fanden ausschließlich solche Fälle Verwendung, über die genügend Datenmaterial aus der Literatur beschafft werden konnte; es wurde deshalb auf eine Auswertung derjenigen Perioden hoher Luftverunreinigung verzichtet, die aus der Zeit vor 1900 bekannt geworden sind (22; 80).

Darüber hinaus soll an dieser Stelle zugunsten eines allgemein gehaltenen Überblicks auf die Erörterung spezieller Probleme einzelner Smoglagen verzichtet werden. Einzelprobleme, die für die Fragestellung im Rahmen dieser Arbeit wichtig erscheinen, sollen exemplarisch anhand der in fast ganz Europa zu beobachtenden Smogwetterlage Anfang Dezember 1962 unter lufthygienischen und immissionsklimatologischen Gesichtspunkten für das Ruhrgebiet im nachfolgenden Kapitel untersucht werden.

Alle erfaßten Smogperioden bildeten sich unabhängig von der Lage der Industriegebiete (Spalte I und II) - bis auf die später noch zu diskutierende Ausnahme von Los Angeles - ausschließlich in den Monaten des Winterhalbjahres, nämlich zwischen Oktober und Januar (Spalte III), in einem Zeitraum also, in dem außer durch industrie- und verkehrsbedingte Emissionen auch noch durch den Hausbrand verstärkt eine zusätzliche Immissionsbelastung besonders des bodennahen Luftraumes erfolgte.

Tabelle 4: Peri...

I	XI	XII	XIII
Ort	Beschwerden, Erkrankungen; Erkrankungsrate	Tote, Sterberate über normal	Literatur
London	Atemnot, Bronchitis 10fach, Grippe 7fach, Tuberkulose 4,5fach	8.000	41, 46, 101
Maastal zwischen Lüttich und Huy	Lungen- und Herzerkrankungen, Husten, Tränenfluß, 6.000 Personen erkrankt	63, 10,5fach	11, 17, 23, 42, 46, 56, 122
Donora (Pittsburgh) Pensylvania	Augenbrennen, Brechreiz, 6.000 Personen erkrankt	19 Tote; 8,5fach; 65% erhöht bei Personen über 65 Jahre	11, 16, 18, 23, 41, 42, 46, 62, 92, 122
Los Angeles (Kalifornien)	Reizung von Nase, Rachen, Augen	—	59, 84
London	Kurzatmigkeit, Halsschmerzen, Erbrechen	4.000 2,5fach bei 55-65jähr. 3,5fach bei 65-75jähr.	18, 21, 41, 42, 46, 79, 85, 92, 99, 111, 122, 125
New York	Herz, Atmungstrakt	220	42, 101, 103
Westdeutsches Flachland (insb. Ruhrgebiet)	—	—	18, 117
London	—	700	36, 59, 67, 92, 99
Ruhrgebiet	Herz, Atmungstrakt	156, Anstieg der Sterberate je 100.000 Einwohner von 2,69 auf 3,19	66, 67, 96, 101, 112, 119, 121
Amerikanische Ostküste (New York)	Atmungsorgane	erhöht	51, 92
Rotterdam	—	erhöht	92
Hamburg	Herzversagen	erhöht	92
New York	—	24	54

starker Luftverschmutzung

II	III	IV	V	VI	VII	VIII	IX	X	XI	XII	XIII
Lage	Auftreten der Smogperiode	Vorherrschende Emittenten	Art der Immissionen[1]	Schadstoffkonzentration in mg/m³ [2]	Großwetterlage[3]	Inversionstyp	Nebel	Windverhältnisse	Beschwerden, Erkrankungen; Erkrankungsrate	Tote, Sterberate über normal	Literatur
Flußebene, Londoner Becken 15 - 30 m ü. NN.	23.1.1924 10.-11.12.1924	Hausbrand (Kohlefeuerung), Industrie	Rauch, Ruß, SO_2	6fach ü. normal 5fach ü. normal	NEa BM	Absinkinversion Absinkinversion	ja ja	—	Atemnot, Bronchitis 10fach, Grippe 7fach, Tuberkulose 4,5fach	8.000	41, 46, 101
Flußlage mit 70 - 100 m hoher beidseitiger Talbegrenzung	1.-5.12.1930	Schwerindustrie, Schwefelsäurefabriken in Tallage	SO_2, SO_3, H_2SO_4, HNO_3, F, Stäube	H_2SO_4 bis 4	BM	tiefliegende Absinkinversion, teilweise kombiniert mit Bodeninversion	ja	1 - 3 m/s aus östlichen Richtungen	Lungen- und Herzerkrankungen, Husten, Tränenfluß, 6.000 Personen erkrankt	63, 10,5fach	11, 17, 23, 42, 46, 56, 122
Gleithanglage mit bis zu 120 m hoher beidseitiger Talbegrenzung	26.-31.10.1948	Stahlwerk und Zinkhütte in Tallage	Zinkdioxiddämpfe, SO_2, Stäube	SO_2 zw. 1,4 bis 5,5	Hochdrucklage	Absinkinversion	ja	windstill bis schwach windig	Augenbrennen, Brechreiz, 6.000 Personen erkrankt	19 Tote; 8,5fach; 65% erhöht bei Personen über 65 Jahre	11, 16, 18, 23, 41, 42, 46, 62, 92, 122
dreiseitig umschlossene, meerwärts offene Beckenlage	vorwiegend in strahlungsreichen Sommer- und Frühherbstmonaten, verstärkt ab 1949	Kfz-Verkehr, Müllverbrennungsanlagen	C_xH_y, O_3, NO_x	O_3 zw. 0,4 bis 1,8	Hochdrucklage	Absinkinversion mit Untergrenze in 100 - 1.000 m ü. NN.	nicht unbedingt	schwach windig	Reizung von Nase, Rachen, Augen	—	59, 84
siehe oben	5.-9.12.1952	Hausbrand (Kohlefeuerung), Industrie	Rauch, Ruß, SO_2, Stäube	Rauch bis 8,0; SO_2 bis 3,8	BM	Absinkinversion mit Untergrenze in 100 - 150 m ü. NN.	ja	—	Kurzatmigkeit, Halsschmerzen, Erbrechen	4.000 2,5fach bei 55-65jähr. 3,5fach bei 65-75jähr.	18, 21, 41, 42, 46, 79, 85, 92, 99, 111, 122, 125
buchtenreiche Mündung des Hudson	15.-24.11.1953	—[4]	SO_2	SO_2 bis 2,2	Hochdrucklage	Bodeninversion kombiniert mit Absinkinversion	ja	windstill bis schwach windig	Herz, Atmungstrakt	220	42, 101, 103
	6.-19.12.1959	—	SO_2, Staub, Rauch	SO_2 bis zu 2,6 (Ruhrgebiet) Staub 1,5 (Hamburg)	HM	Absinkinversion mit Untergrenzen in 50 - 300 m ü. NN.; Bodeninversion	ja	windstill bis schwach windig	—	—	18, 117
siehe oben	3.-9.12.1962	Hausbrand, Industrie	Rauch, Ruß, SO_2, Stäube	Rauch bis 2,5 SO_2 bis 4,4 Staub bis 2,0	HM	Absinkinversion mit Untergrenze in 100 - 120 m ü. NN.	ja	—	—	700	36, 59, 67, 92, 99
teils Tallage, teils offene Muldenlage	3.-7.12.1962	Industrie, Hausbrand, Kfz-Verkehr	Rauch, SO_2, Stäube	Staub bis 2,5 SO_2 bis 3,4	HM	tiefliegende Absink-/Bodeninversion	ja	windstill bis schwache östliche Winde	Herz, Atmungstrakt	156, Anstieg der Sterberate je 100.000 Einwohner von 2,69 auf 3,19	66, 67, 96, 101, 112, 119, 121
buchtenreiche, stark gegliederte Küstenlandschaft	27.11.-10.12.1962	—	vorwiegend SO_2	SO_2 bis 3,8 (New York)	Hochdrucklage	Absinkinversion	—	—	Atmungsorgane	erhöht	51, 92
Flußmündungslage	1.-7.12.1962	—	SO_2	SO_2 5fach über normal	HM	Absinkinversion und Bodeninversion	ja	—	—	erhöht	92
Flußmündungslage	3.-7.12.1962	—	SO_2	SO_2 5fach über normal	HM	Absinkinversion und Bodeninversion	ja	—	Herzversagen	erhöht	92
siehe oben	23.-25.11.1966	—	SO_2	SO_2 bis 2,0	Hochdrucklage	Absinkinversion und	—	schwach windig	—	24	54

Erläuterung der Indexzahlen von Tabelle 4, S. 46

1) Verkehrsbedingte Luftverunreinigungen konnten nicht gesondert berücksichtigt werden.

2) Über die zeitliche Dauer der Schadstoffkonzentrationen wurden von den einzelnen Bearbeitern überwiegend keine genauen Angaben gemacht.
Bei den hier angegebenen Schadstoffkonzentrationen handelt es sich vielfach um kurzzeitige Spitzenbelastungen.

3) Die Charakterisierung der Großwetterlagen erfolgte nach den allgemein verwendeten Abkürzungen von HESS & BREZOWSKY (52); es bedeuten:
NEa - Lage: Nordostlage mit antizyklonaler Druckverteilung über Mitteleuropa
BM - Lage: Hochdruckbrücke über Mitteleuropa
HM - Lage: Abgeschlossenes Hoch über Mitteleuropa

4) Hierzu wurden von den Verfassern keine Angaben gemacht.

Die aus den vorherrschenden Emittenten (Spalte IV) - der Schwerindustrie, den Müllverbrennungsanlagen, dem Hausbrand und dem Straßenverkehr - überwiegend freigesetzten Immissionen traten einerseits partikelförmig als Rauch, Ruß und Staub, andererseits gasförmig in überwiegendem Maße als SO_2 in Erscheinung. Anomal hohe Schadstoffkonzentrationen waren vielfach die Folge (Spalte VI).

Als meteorologische Steuerungsparameter traten in allen Fällen die schon als austauscharm bekannten winterlichen Hochdrucklagen auf (Spalte VII), die mit dem gleichzeitigen Vorherrschen tiefliegender Absink- bzw. Bodeninversionen bei überwiegendem Vorhandensein von Nebel (Spalten VIII und IX) sowie nur schwach ausgeprägtem Wind (Spalte X) für die hohen Immissionskonzentrationen sorgten.

Die schon oben angeschnittene Ausnahmesituation, die der Großraum Los Angeles im Vergleich zu den mitteleuropäischen Industriegebieten macht, beruht sowohl auf dem andersartigen O_3-SMOG als auch auf dem sommer- bzw. frühherbstlichen Vorherrschen der sich dort bildenden Luftverunreinigungen.
Die Gründe hierfür sind in dem durch die Breitenlage von Los Angeles (34° nördl. Breite) bedingten häufigen Vorherrschen subtropischer Hochdruckzellen zu suchen. Besonders in den Mittagsstunden der strahlungsintensiven "Fall Months" (118) (Monate der Hitze und Dürre von August bis November) entstehen aus den zum großen Teil aus Autoabgasen freigesetzten unverbrannten Kohlenwasserstoffen auf photochemischem Wege höchst aggressive Oxydantien, wie z.B. das schon auf Seite 43f. näher charakterisierte Ozon.

Unabhängig von der Art der jeweils auftretenden Luftverunreinigungen jedoch stellten alle Smogperioden durch ihr mehr oder weniger langes Vorherrschen (bis zu 10 Tagen) und den dadurch verbundenen Anstieg der verschiedensten Schadstoffkonzentrationen extrem gesundheitsgefährdende, vielfach sogar lebensbedrohende Situationen für die Bevölkerung dar; die erhöhten Erkrankungs- und Sterberaten (Spalten XI und XII) belegen dies.

Die deutlich erhöhte Mortalitätsrate in stark luftverschmutzten Gebieten während Smogperioden kann im Vergleich zu derjenigen in weniger stark belasteten Räumen anhand der Beispiele in Abbildung 26 erkannt werden. War nämlich im Ruhrgebiet die Sterberate während der Smoglage im Dezember 1962 deutlich erhöht, so ließen die weniger stark durch die Luftverschmutzung belasteten "Regierungsbezirke Arnsberg und Münster keinen Anstieg der Mortalität zwischen dem 3. und 12. Dezember erkennen" (121, S. 190), obwohl in allen Gebieten von vergleichbaren Witterungsbedingungen ausgegangen werden mußte.

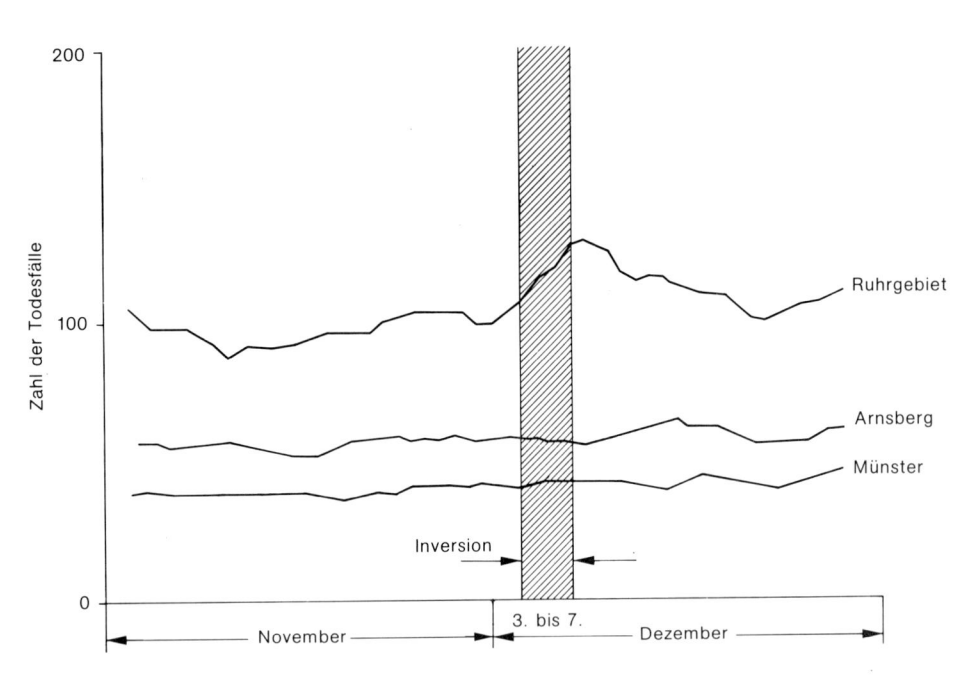

Abb. 26 Todesfälle im Ruhrgebiet, im Regierungsbezirk Arnsberg[1] und Münster[1]
vom 1. 11. bis 31. 12. 1962

Quelle: Steiger & Brockhaus (121)

[1] Ohne die jeweils zum Ruhrgebiet zählenden kreisfreien Städte
(Bochum, Bottrop, Castrop-Rauxel, Dortmund, Duisburg, Essen,
Gelsenkirchen, Gladbeck, Herne, Mülheim, Oberhausen,
Recklinghausen, Wanne-Eickel, Wattenscheid).

Im allgemeinen können die erhöhten Mortalitäts- und Morbiditätsraten in den wenigsten Fällen auf die Einwirkung einer bestimmten Schadstoffkomponente zurückgeführt werden. Vielmehr ist es so, daß gerade die synergistische Wechselwirkung der verschiedensten Schadstoffe, die darüber hinaus noch durch die Anwesenheit von Nebel in ihrer Gefährlichkeit gesteigert werden können, einen wesentlichen Einfluß auf die Gesundheit der Menschen hat (18).

Insbesondere solche Konstitutionen, die bereits eine krankhafte Schwächung des Herz- bzw. Atemtraktes aufweisen, sind dann - wie die Untersuchungen aus London (1924 und 1952) z.B. ergaben - unter den "Überschußtoten" (HENSCHEL in FOERST 33).

5.3.2 Die Smogperiode Anfang Dezember 1962 im Ruhrgebiet

Nach der kurzen Charakterisierung der allgemeinen Probleme und Auswirkungen, die während austauscharmer Wetterlagen auftreten, soll nunmehr anhand der Anfang Dezember 1962 in Mitteleuropa vorherrschenden Smogperiode für das Ruhrgebiet auf Einzelprobleme in lufthygienischer und immissionsklimatologischer Hinsicht eingegangen werden.

Die Grundlagen für eine solche Auswertung wurden durch die Untersuchungen verschiedener fachwissenschaftlicher Disziplinen ermöglicht.

So untersuchte u.a. SEIFERT (119) mit Hilfe der Auswertung von Radiosondenaufstiegen an der Station Köln die meteorologischen Faktoren, die letztlich die Smoglage auslösten. Das enge Wechselspiel zwischen der Luftchemie und der Meteorologie stellten KLUG (66; 67), HESS (51) und KOLAR (72) dar, indem sie detaillierte Vergleiche zwischen dem gemessenen SO_2-Gehalt der Luft und einzelnen meteorologischen Einflußgrößen (wie z.B. Windstärke und -richtung sowie Angaben zur Höhe der Inversionsgrenzen) anführten.

Am Beispiel des Raumes Leverkusen machten BREUER & WINKLER (13) darüber hinaus im Rahmen eigener Messungen die wechselseitige Beeinflussung des bodennahen Austauschraumes durch Industrie- und Hausbrandgase deutlich.

Neben dem Nachweis des Anstiegs gasförmiger Luftverunreinigungen während dieser Zeit konnte SCHLIPKÖTER (82) auch eine Zunahme partikelförmiger Schadstoffe in Form von Schwebestäuben in den besonders belasteten Städten des westlichen Ruhrgebietes feststellen.

Der enorm hohe, stark schwankende Gehalt an sichtmindernden Partikeln in der Luft wurde an einzelnen Klimastationen (Wetteramt Essen mit den Außenstellen im Sauerland), aber auch auf Meßfahrten innerhalb des Ruhrgebietes registriert und in Beziehung zum Ablauf der austauscharmen Wetterlage gesetzt.

Wie unterschiedlich im übrigen die Sichtweiten selbst auf relativ kleinem Raum waren, zeigen die auf einer von KLUG (67) durchgeführten Meßfahrt zwischen Gelsenkirchen, Essen - Mülheim, Gladbeck, Dorsten, Essen - Steele und Velbert ermittelten Werte. Während in Gelsenkirchen (Kanalbrücke, 45 m ü. NN) eine Sichtweite von 100 m festgestellt wurde, stiegen die Werte am Mülheimer Flughafen (120 m ü. NN.) auf 4.500 m, in Velbert (220 m ü. NN.) sogar auf 10.000 m an. Hieran wird auch der nicht unmaßgebliche Einfluß der Höhenlage erkennbar.

Die zur Kenntnis der Luftchemie durchgeführten Beobachtungen und Messungen zeigten recht deutlich, daß im Ruhrgebiet im Vergleich zu den anderen Ballungsgebieten weitaus höhere Schadstoffkonzentrationen auftraten, wie aus einem Vergleich der in Tabelle 5 enthaltenen Meßwerte erkennbar ist. Darüber hinaus fällt jedoch auch die zum Teil recht stark ausgeprägte Schwankungsbreite der Immissionskonzentrationen innerhalb des Ruhrgebietes auf, was besonders durch den stichprobenartigen Vergleich der Maxima- und Minimawerte für die Städte Gelsenkirchen und Bochum zum Ausdruck kommt.

Eine detaillierte Analyse, die eine Aussage insbesondere unter geographischen Gesichtspunkten über die Konzentrationsunterschiede und die Höhe des Verschmutzungsgrades in den einzelnen, stark belasteten Regionen des Ruhrgebietes (wie etwa im westlichen Ruhrgebiet um Duisburg - Oberhausen oder auch im Bereich der Rheinschiene Süd) zugelassen hätte, konnte in Ermangelung einer ausreichenden Anzahl von Probennahmestellen zur Überwachung der Luftgüte nicht durchgeführt werden. Denn erst anläßlich dieser Smogperiode wurde mit dem Aufbau eines fast flächendeckenden Netzes von Meßstationen zur Feststellung der Luftqualität durch die Landesanstalt für Immissions- und Bodennutzungsschutz (LIB)[1] begonnen.

---

1) Ab 1976 Umwandlung in Landesanstalt für Immissionsschutz (LIS).

Tabelle 5: Maxima- und Minimawerte der SO_2-Konzentrationen in mg/m^3
für die Zeit vom 3. bis 8.12.1962
(nach GEORGII (36, S. 758))

Datum	Frankfurt		Gelsenkirchen		Bochum	
	Max.	Min.	Max.	Min.	Max.	Min.
3.12.	-	-	1,7	0,28	1,38	0,16
4.	0,82	0,32	2,4	0,40	2,50	0,55
5.	0,88	0,32	2,2	0,67	2,25	0,75
6.	0,93	0,55	3,5	1,40	2,90	0,55
7.	1,10	0,64	1,15	0,40	0,70	0,18
8.	1,30	0,80	-	-	-	-

Somit lassen sich Meßergebnisse über die Höhe und den Verlauf der SO_2-Konzentrationen während der Smogperiode für den Kernraum des Ruhrgebietes nur anhand einzelner weniger Stationen auswerten, die zu jener Zeit darüber hinaus vielfach nur stichprobenartig Messungen vornahmen.

Allgemein läßt sich jedoch feststellen, daß die in der Technischen Anleitung zur Reinhaltung der Luft (123) festgesetzten Immissionsgrenzwerte für Schwefeldioxid z.B. während der Zeit vom 3. bis 8.12.1962 häufig an vielen Stationen überschritten waren.

In Oberhausen - Sterkrade[1]) konnten so z.B. am 4.12.1962 SO_2-Konzentrationen zwischen 0,3 und 1,2 mg SO_2/m^3 (0,3 und 0,7 mg SO_2/m^3) registriert werden, während im Verlauf des 5.12.1962 die Meßergebnisse in Ennepetal-Milspe zwischen 0,2 und 1,4 mg SO_2/m^3 (0,0 und 0,1 mg SO_2/m^3) lagen. Am gleichen Tage wurde demgegenüber im westlichen Ruhrgebiet bei starkem Dunst und einer Sicht zwischen 100-200 m eine Schwankungsbreite der SO_2-Immissionskonzentrationen zwischen 0,6 und 1,8 mg SO_2/m^3 (0,4 und 0,6 mg SO_2/m^3) erreicht. Hier stiegen die Schadstoffkonzentrationen am darauffolgenden Tage, dem 6.12.1962, sogar von 0,5 auf 2,5 mg SO_2/m^3 an. Eine kurzzeitige Spitzenbelastung von über 3 mg SO_2/m^3 wurde in den frühen Nachmittagsstunden erreicht. Gegen Ende der Smogperiode am 7.12.1962 konnte in Herne noch eine SO_2-Konzentration von bis zu 0,9 mg/m^3 (0,0 und 0,6 mg/m^3) nachgewiesen werden.

Die vom Standort und der Tageszeit bewirkte Beeinflussung der Schadstoffgehalte selbst auf kleinem Raum läßt sich anhand nachfolgender Abbildung 27 für die Zeit zwischen dem 3. und 9.12.1962 verfolgen, in der die Meßwerte zweier vom Hygiene-Institut des Ruhrgebietes in Gelsenkirchen kontinuierlich betriebener Stationen zur Luftüberwachung verwendet wurden.[2])

Während die Meßstelle Gelsenkirchen - Rotthausen in einem dichtbebauten Stadtteil liegt, zeichnet sich die Umgebung der etwa 5 km entfernten Station Gelsenkirchen - Horst durch eine aufgelockerte Siedlungsweise aus. Dies schlägt sich in dem unterschiedlichen Konzentrationsverlauf der SO_2-Immissionsbelastung deutlich nieder. Generell läßt sich zur Höhe der Konzentrationswerte und deren Verlauf an beiden Stationen sagen, daß vom Beginn der Messung bis zum 6.12. abends eine stufenweise, durch den Tagesgang unterbrochene Erhöhung der Schadstoffbelastung auffällt.

---

1) Diese und nachfolgende Meßergebnisse verdanke ich dem TÜV, Rheinland, Essen.
   In Klammern sind jeweils die an austauschbegünstigteren Tagen nachgewiesenen Konzentrationen zum Vergleich angegeben.
2) Die Messungen wurden im Auftrag der Stadt Gelsenkirchen durch das Hygiene-Institut des Ruhrgebietes, ebenfalls Gelsenkirchen, durchgeführt.
   Herrn Prof. Dr. Althaus sei für die freundliche Überlassung der Meßwerte auch an dieser Stelle gedankt.

Die Konzentrationsspitzen an der Station Rotthausen (ausgezogene Kurve in Abb. 27) lagen in den frühen Abendstunden des 3.12.1962 (19 Uhr) bei etwa 1,5 mg SO_2/m^3, die Maximalkonzentrationen am 4. und 5.12.1962 zwischen 2,5 mg SO_2/m^3 und 2,1 mg SO_2/m^3 (18 bzw. 19 Uhr). Am 5.12.1962 bildete sich zusätzlich mittags noch ein Sekundärmaximum aus.

Die jeweils niedrigsten Konzentrationen an beiden Tagen wurden mit 0,4 mg SO_2/m^3 bzw. 0,6 mg SO_2/m^3 in den frühen Morgenstunden (6 bzw. 7 Uhr) registriert. Am 6.12.1962 wurde zwischen 14 und 15 Uhr der an dieser Station gemessene absolut höchste Wert von über 3,3 mg SO_2/m^3 erreicht.

Abrupt fielen in der Nacht vom 6. auf den 7.12.1962 die hohen Schadstoffkonzentrationen innerhalb kurzer Zeit auf unter 0,5 mg SO_2/m^3, um sich dann bei geringen Konzentrationsschwankungen während des Tagesverlaufes bis zum 10.12.1962 wieder auf das Niveau der normalen Grundbelastung einzupendeln.

Abb. 27 Verlauf der Schwefeldioxidkonzentration an den Stationen Gelsenkirchen-Rotthausen und Gelsenkirchen-Horst für den Zeitraum vom 3. bis 9. 12. 1962

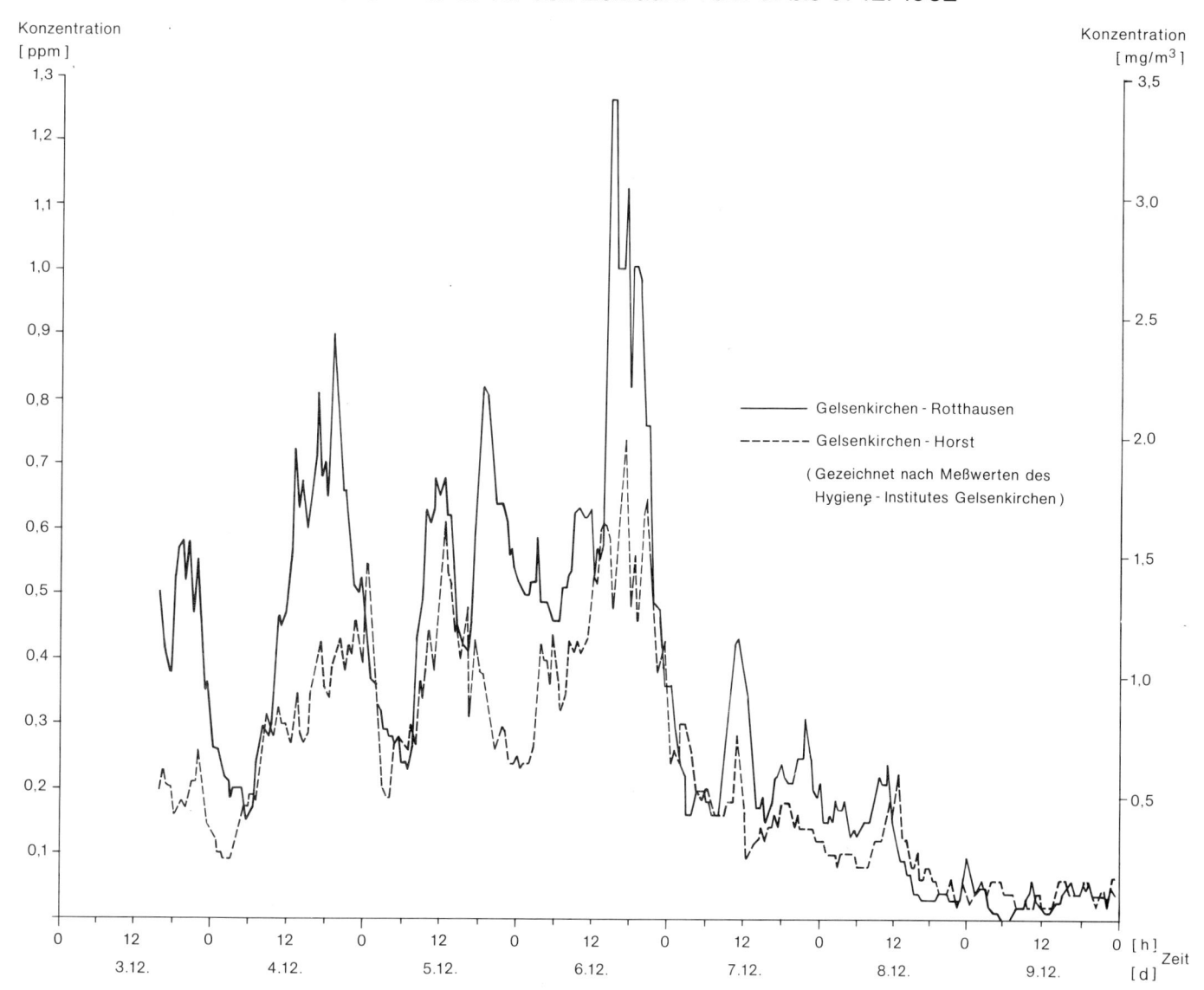

Der Verlauf der SO_2-Konzentrationen in Horst (punktierte Kurve in Abb. 27) ist trendmäßig zwar dem der an der Station Rotthausen gemessenen ähnlich, jedoch lassen sich aufgrund der unterschiedlichen Lage und der dadurch bedingten veränderten Austauschbedingungen einige Unterschiede deutlich machen.

So wurden in Horst die höchsten SO_2-Konzentrationen am 4./5.12.1962 zwischen 23 und 1 Uhr mit Werten zwischen 1,2 mg SO_2/m^3 und 1,4 mg SO_2/m^3 erreicht, während die niedrigsten Konzentrationswerte an den beiden Tagen mit 0,3 mg SO_2/m^3 bzw. 0,5 mg SO_2/m^3 zwischen 2 und 3 Uhr bei verminderter nächtlicher Emission von Hausbrandanlagen gemessen werden konnten.

Bis zum 6.12.1962 läßt sich eine weitere zeitliche Verschiebung der Maxima und Minima an der Meßstelle Horst gegenüber den Werten von Rotthausen feststellen. Überhaupt werden in diesem Stadtteil bis auf eine kurzzeitige Ausnahme (5.12.1962, 1 Uhr) nicht die hohen Schadsstoffgehalte erreicht wie sie für die Station Rotthausen charakteristisch sind; hier liegen die Konzentrationen bis zu zweifach über denen, die in Horst gemessen wurden.

Gemeinsam ist jedoch beiden Stationen, daß vom 4.12. 7 Uhr bis zum 7.12. 2 Uhr der Langzeitwert der maximalen Immissionskonzentrationen für SO_2 (MIK_D = 0,40 mg SO_2/m^3)[1] überschritten wurde und daß weiterhin in der Nacht vom 6. auf den 7.12.1962 die hohen SO_2-Konzentrationen innerhalb kurzer Zeit auf relativ niedrige Werte abfielen.

So erfolgte an der Station Rotthausen eine Abnahme von 3,3 mg SO_2/m^3 auf unter 0,5 mg SO_2/m^3 innerhalb von sieben Stunden, während der Schadstoffgehalt der Luft in Horst innerhalb sechs Stunden von 1,9 mg SO_2/m^3 auf 0,5 mg SO_2/m^3 abnahm.

Vom 7.12.1962 an sank die SO_2-Immissionsbelastung an beiden Stationen bei geringerwerdender Amplitude weiterhin ab, um sich am 9./10.12.1962 in dem jeweiligen Schwankungsbereich der für beide Stationen typischen winterlichen Grundbelastung wieder einzupendeln.

Anhand des Vergleichs der Konzentrationsverläufe beider Meßstationen kann im wesentlichen zweierlei erkannt werden:

1. Es zeigt sich deutlich, daß schon auf kleinem Raum beträchtliche Unterschiede in der Immissionsbelastung auftreten können, womit eine recht unterschiedliche Belastung innerhalb eines Stadtgebietes für die Bevölkerung verbunden ist.

2. An beiden Stationen fällt die unregelmäßig ablaufende Erhöhung der Schadgaskonzentration bis zum 6.12.1962 auf, während sich vom 6./7.12. innerhalb nur weniger Stunden ein rascher Abfall der Immissionsbelastung nicht nur an diesen Meßstationen, sondern auch in anderen Industriegebieten (36; 51) zeigt. Da eine Änderung im Emissionsverhalten ausgeschlossen werden darf, müssen - ähnlich wie bei den zuvor besprochenen Smogkatastrophen - die Voraussetzungen und Ursachen, die zu einem solchen Anstieg luftfremder Schadstoffe geführt haben, in der Einflußnahme immissionsklimatologischer Parameter gesucht werden.

---

[1] Als Langzeitwert der maximalen Immissionskonzentration (MIK_D-Wert) wurde in der Technischen Anleitung zur Reinhaltung der Luft 1964 für SO_2 ein Wert von 0,40 mg SO_2/m^3 festgesetzt. In der TA-Luft 1974 reduzierte man den Langzeitwert auf 0,14 mg SO_2/m^3 (vgl. hierzu auch (111)).

5.3.2.1   Klimatologische Voraussetzungen

5.3.2.1.1 Die Großwetterlage

Die Voraussetzungen, die schließlich auch im Ruhrgebiet zu ansteigenden Schadstoffkonzentrationen führten, sind in der sich Anfang Dezember 1962 aufbauenden antizyklonalen Großwetterlage zu suchen, deren Entwicklung nachfolgend kurz skizziert werden soll.[1]

In der letzten Novemberwoche 1962 bildete sich eine von den Britischen Inseln bis Süddeutschland reichende meridionale Hochdruckbrücke aus, die als antizyklonale Nordlage (BM-Lage nach HESS & BREZOWSKY (52)) für die Zufuhr polarer Meeresluft nach Mitteleuropa sorgte. Dem Einbruch kalter Polarluft folgte vom 30.11.1962 an der Aufbau eines kräftigen Festlandhochs mit Kerngebiet über den Britischen Inseln (HB-Lage). Unter langsamer ostwärtiger Verlagerung von England über die Nordsee nach Deutschland wurde das weiterhin wetterbestimmende blockierende Hoch mit einem Kerndruck > 1.030 mbar über Mitteleuropa stationär (HM-Lage).

Aufgrund der nur geringfügig ausgebildeten Luftdruckgradienten waren bei schwachen östlichen bis südöstlichen Winden, einer geringen Bewölkung sowie einer unterschiedlich stark ausgebildeten Schneedecke und einer dadurch bedingten größtmöglichen ungehinderten nächtlichen Ausstrahlung die Voraussetzungen für die Ausbildung einer austauscharmen Wetterlage gegeben, so wie sie in Kapitel 3 näher beschrieben wurden.

Bis zum 4.12.1962 traten im Witterungsablauf außer einer leichten Abschwächung und einer sich langsam fortsetzenden ostwärtigen Verlagerung des kräftigen Hochs keine wesentlichen Änderungen auf.

Die geringmächtig bodennah ausgebildete stagnierende Kaltluft sorgte am 5.12.1962 erstmals für strenge Nachtfröste in Bayern (München $-17°$ C, in ungünstigen Lagen $-22°$ C), sowie für eine Zunahme des Dunstes, des Nebels und der Luftverschmutzung. So betrug im südlichen England die Sicht an diesem Tage stellenweise nur 5 m (FAZ vom 5.12.1962).

Während in den Niederungen und Tallagen "rauch- und schwefelgeschwängerter Smog" (FAZ vom 6.12.1962) vorherrschte, wurden auf den Bergstationen als Folge der in den unteren 2 - 3 Hektometern ausgebildeten Inversionen höhere Temperaturen gemessen. Dies zeigt sich recht deutlich am Beispiel eines Temperaturvergleiches für den 5.12.1962, wonach die nächtliche Tiefsttemperatur auf dem Kahlen Asten (835 m) bei $1°$ C, in Essen-Mülheim (155 m) dagegen bei $-3°$ C lag, auf dem Kleinen Feldberg/Taunus (805 m) $3°$ C, in Frankfurt/M. (Stadt) dagegen $-8°$ C betrug und schließlich auf der Wasserkuppe (920 m) $2°$ C und in Kassel-Süd (160 m) $-0°$ C erreichte.[2]

Außergewöhnlich gute Fernsichten wurden von allen über der Inversion liegenden Bergstationen (Kahler Asten, Brocken, Kleiner Feldberg) gemeldet.
Vom Feldberg (Schwarzwald) konnte TRAUTMANN (124) am 8.12.1962 sogar eine "Luftspiegelung der Alpen" beobachten, die in Abhängigkeit von der jeweiligen Höhenlage der Inversionsflächen am Feldberg entstand (Entfernung Feldberg - Alpen etwa 200 km).

---

1) Nach einer Analyse der Wetterkarten dieses Zeitraumes, des Schnellberichtes des Deutschen Wetterdienstes für Nordrhein-Westfalen vom Wetteramt Essen, Dezember 1962, sowie den monatlichen Witterungsberichten vom November/Dezember 1962 (Deutscher Wetterdienst, Offenbach).

2) Nach schriftlicher Mitteilung des Wetteramtes Frankfurt/M. sowie nach Angaben des Wetteramtes Essen.

Abb. 28 Luftdruckverteilung über Mitteleuropa für die Zeit vom 2. bis 7.12.1962
nach Klug 1964 (67)

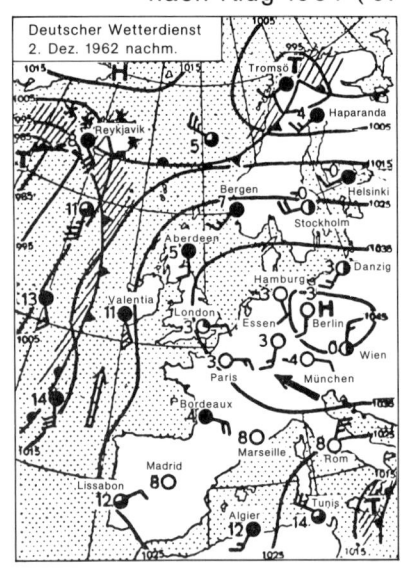

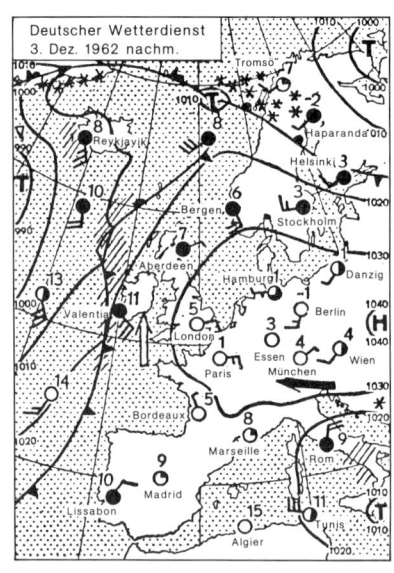

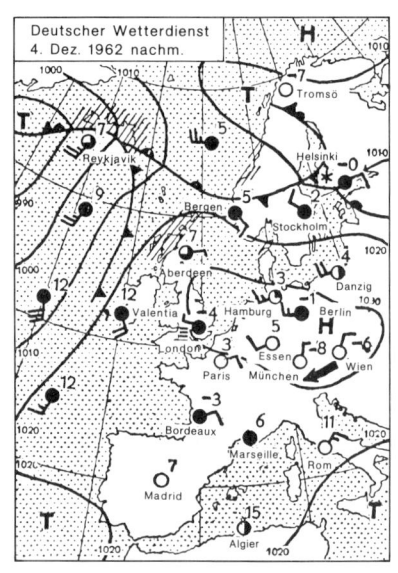

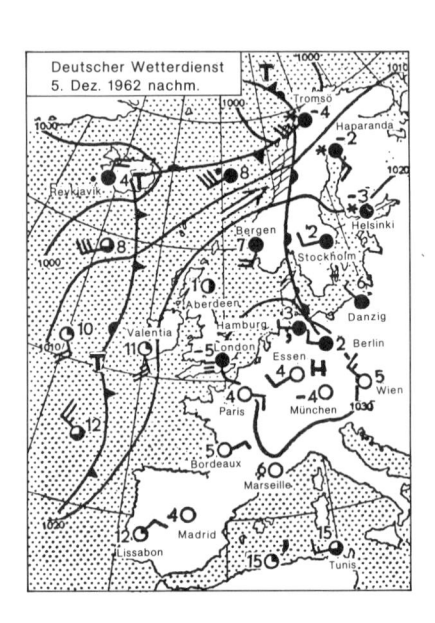

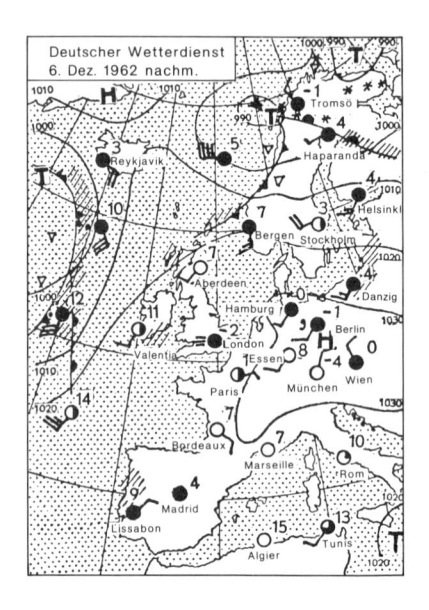

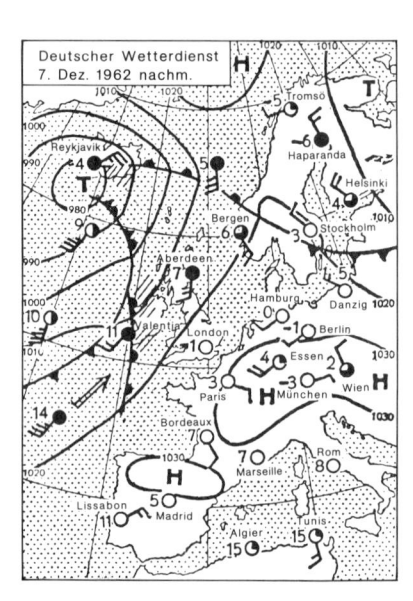

Während sich das mitteleuropäische Hoch am 5.12.1962 (Abb. 28) bereits schon langsam abschwächte, drang über Norddeutschland milde Meeresluft ein, die den Grad der Luftverschmutzung durch die Bildung ausgedehnter Nebeldecken verstärkte.

In diesen Tagen trugen in London "Tausende Schutzmasken vor dem Mund" und in den Niederlanden herrschte der "stärkste Nebel seit 25 Jahren" (FAZ vom 7.12.1962).

Obwohl sich die Großwetterlage weiterhin nicht wesentlich veränderte, wurde schon am 6.12.1962 durch die Entwicklung eines Sturmtiefs bei Island ein die Smoglage am 9.12.1962 beendender Luftmassenwechsel eingeleitet.

Ausläufer ostwärts ziehender atlantischer Tiefdruckgebiete bewirkten eine Südostverlagerung des vorerst noch wetterbestimmenden Festlandhochs. Während die Randstörungen dieses Sturmtiefs über die Britischen Inseln nordostwärts zogen, überquerte im Verlauf des 9.12.1962 seine maskierte Kaltfront[1] Deutschland, womit "sich im ganzen Raum ein markanter Luftmassenwechsel (vollzog)" (51, S. 24) und sowohl die bodennahe Kaltluftschicht wegräumte als auch für einen Abtransport der akkumulierten Luftverunreinigungen sorgte.

5.3.2.2 Klimatologische Ursachen

5.3.2.2.1 Windstärke und Windrichtungen

Durch die fast für eine Woche vorherrschende Hochdrucklage über Mitteleuropa waren die Voraussetzungen zur Bildung einer austauscharmen Wetterlage erfüllt.
Die Ursachen, die letztlich die Smoglage auslösten, waren einerseits durch das Fehlen eines horizontal erfolgenden Austausches und andererseits durch den gleichzeitig unterbundenen vertikalen Abtransport der sich akkumulierenden Schadstoffe in die höheren Luftschichten bedingt. Geringe Windgeschwindigkeiten und thermostabile atmosphärische Schichtungsverhältnisse z.T. in unmittelbarer Bodennähe traten als dominierende austauschbehindernde Parameter auf.

Eine Auswertung des Datenmaterials über auftretende Windstärken während dieser Smogperiode im Raum Ruhrgebiet - Sauerland für die Klimastationen Essen, Kahler Asten, Lüdenscheid, Eslohe, Altenhundem, Brilon, Arnsberg und Iserlohn-Westig zeigt die folgende Diagrammserie. An allen Stationen fällt für die Zeit vom 3. bis 6.12.1962 ein merklicher Rückgang der Windstärken auf. Während die Schwachwindperiode innerhalb dieses Zeitraumes mit Stärken zwischen 0 - 1 Beaufort ($\cong$ 0 - 1,5 m/s) an der Gipfelstation des Kahlen Asten (835 m ü. NN.) nur relativ selten auftrat (Abb. 29), wurden geringe Windgeschwindigkeiten an den Tieflandstationen Essen (155 m ü. NN.), Arnsberg (217 m ü. NN.) und Iserlohn-Westig (230 m ü. NN.), besonders ausgeprägt aber an den beiden Talstationen Eslohe (325 m ü. NN.) und Altenhundem (300 m ü. NN.) gemessen. Aber auch an der Station Lüdenscheid (444 m ü. NN.) traten gehäuft Windstillen und Schwachwindperioden auf. Vergleicht man die Windstärken an den einzelnen Stationen zwischen dem 3. und 6.12.1962, dem Zeitraum des stärksten Vorherrschens der Smogperiode, mit denjenigen Werten, die sich beispielsweise zwischen dem 7. und 10.12.1962 nach Beendigung der austauscharmen Wetterlage messen ließen, so fällt die relativ hohe Abnahme der Windgeschwindigkeiten an jeder Station auf.

Neben dem Rückgang der Windstärke besonders für den Zeitraum vom 3. bis 6.12.1962 läßt sich einer von SEIFERT (119, S. 84) angefertigten Darstellung über die Windrichtungsverhältnisse entnehmen, daß im zentralen Bereich des Ruhrgebietes zwischen Ruhr und Lippe schwache östliche Strömungsverhältnisse in Bodennähe vorlagen, die als "zusätzliches Agens für die Luftverschmutzung" aufgrund ihrer Konvergenz gewirkt haben. In dem Gebiet zwischen Lenne, Ruhr und Möhne herrschten dagegen westliche bis südwestliche Richtungen vor, im mittleren Rheintal jedoch südliche bis südöstliche.

---

1) Unter einer "maskierten Kaltfront" versteht man eine solche Luftmassengrenze, die "auf ihrem Weg über das warme Meer instabil geschichtet (ist und) beim Wegräumen der am Boden stagnierenden älteren Kaltluft statt einer Abkühlung einen Temperaturanstieg bringt" (45, S. 817).

Abb. 29 Tagesgang der Windstärke an den Klimastationen im Sauerland für den Zeitraum vom 1. bis 10. 12. 1962

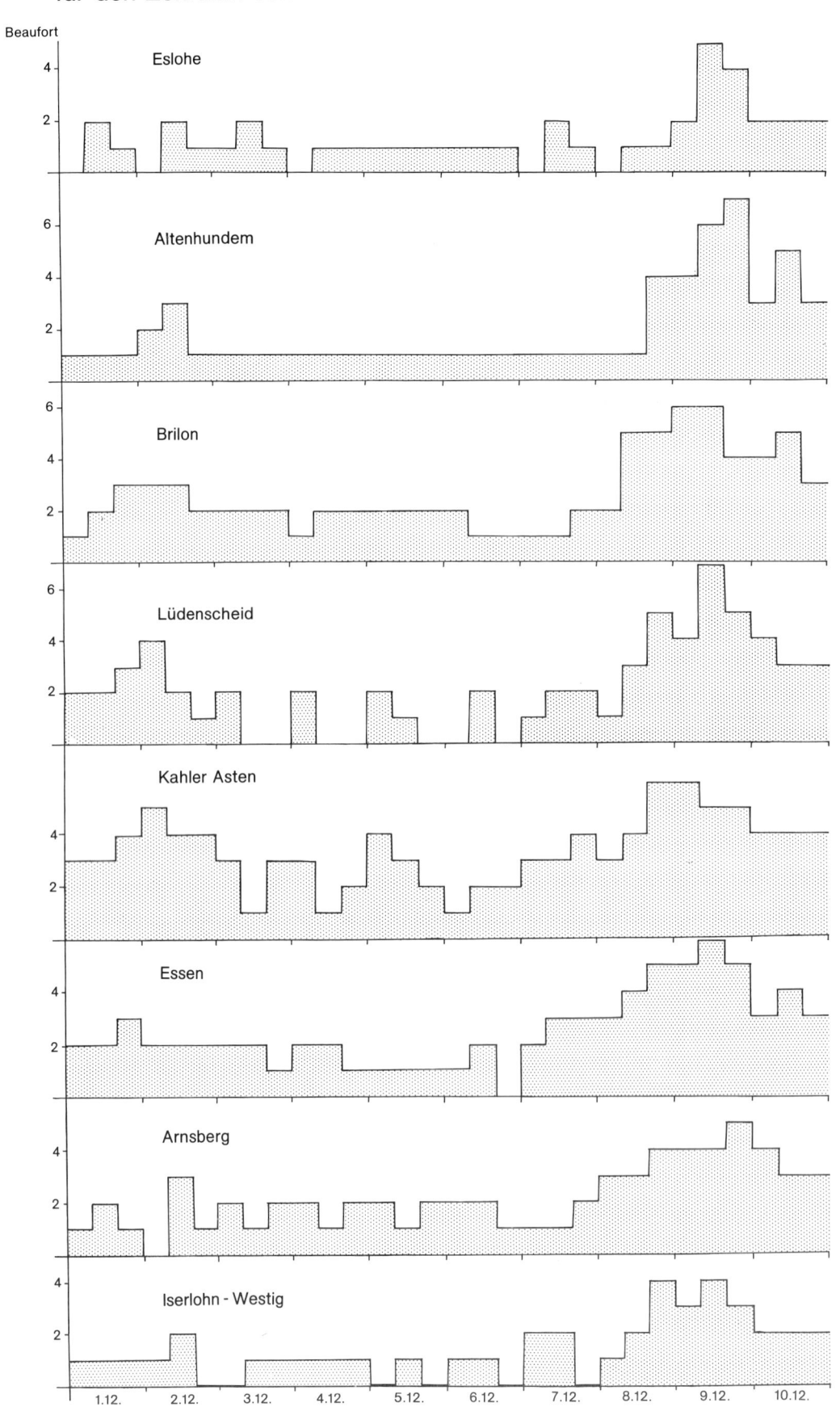

Die bei Schwachwindlagen solcher Art auftretende "Windleitfunktion" durch die morphologische Oberflächengestaltung wird besonders am Beispiel des südöstlich-nordwestlich verlaufenden Rheintales deutlich.

Tabelle 6: Vergleich der mittleren Windstärke in Beaufort für die Zeit der Smogperiode vom 3. - 10.12.1962

Station	3. - 6.12.1962	7. - 10.12.1962
Essen	1,3	3,8
Arnsberg	1,7	3,1
Iserlohn	0,7	2,3
Brilon	1,8	3,7
Lüdenscheid	0,7	3,3
Eslohe	1,0	1,8
Altenhundem	1,0	3,1
Kahler Asten	2,3	4,3

Abb. 30 Mittlere Bodenwindrichtungen im Rhein-Ruhr Raum für die Zeit vom 3. bis 6.12.1962

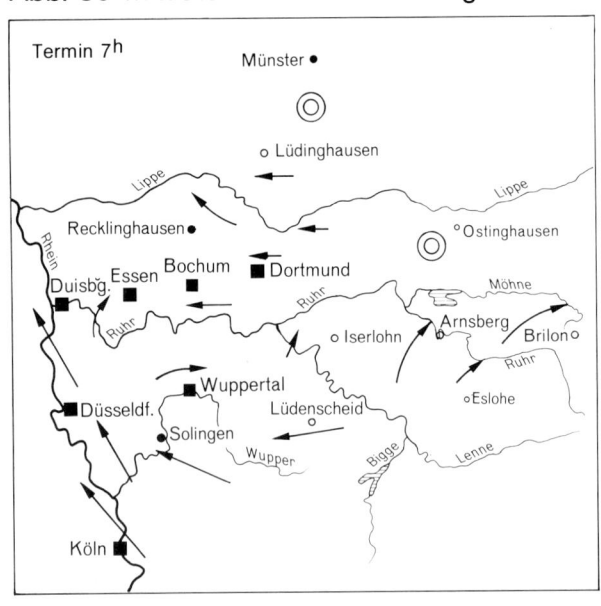

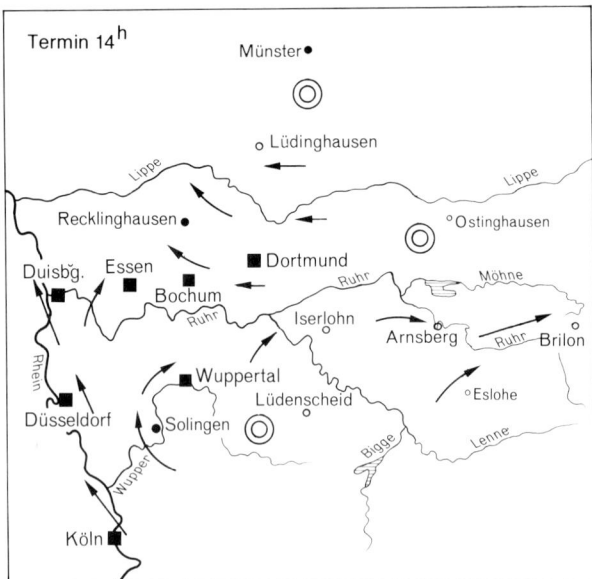

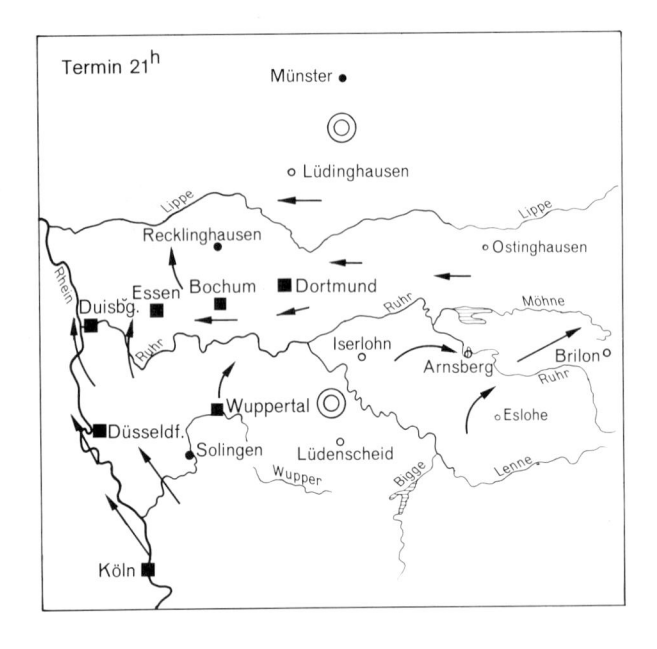

Termin 7ʰ

Termin 14ʰ

Termin 21ʰ

- ■ 500 000 - 1 000 000 Einwohner
- ■ 250 000 - 500 000 Einwohner
- • 100 000 - 250 000 Einwohner
- ○ 50 000 - 100 000 Einwohner
- ∘ unter 50 000 Einwohner
- ◎ Windstille

Die Länge der Pfeile verdeutlicht die Windgeschwindigkeiten für die drei klimatologischen Termine.

Quelle: Seifert (119)

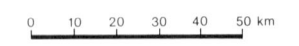

5.3.2.2.2 Zur Höhenlage der Temperaturinversionen

Das durch die vorherrschende Großwetterlage bestimmte Auftreten von Temperaturinversionen in den unteren Luftschichten war vielerorts zu beobachten, wie z.B. ein "Vertikalschnitt durch die Atmosphäre" (61, S. 732) zwischen Südirland und Westdeutschland in Abbildung 31 zeigt. Neben den in Köln, De Bilt, Hemsby und Crawley nachgewiesenen Bodeninversionen wurden alle Stationen von mehr oder weniger mächtigen Höheninversionen zwischen 1.500 m und 3.000 m überlagert.

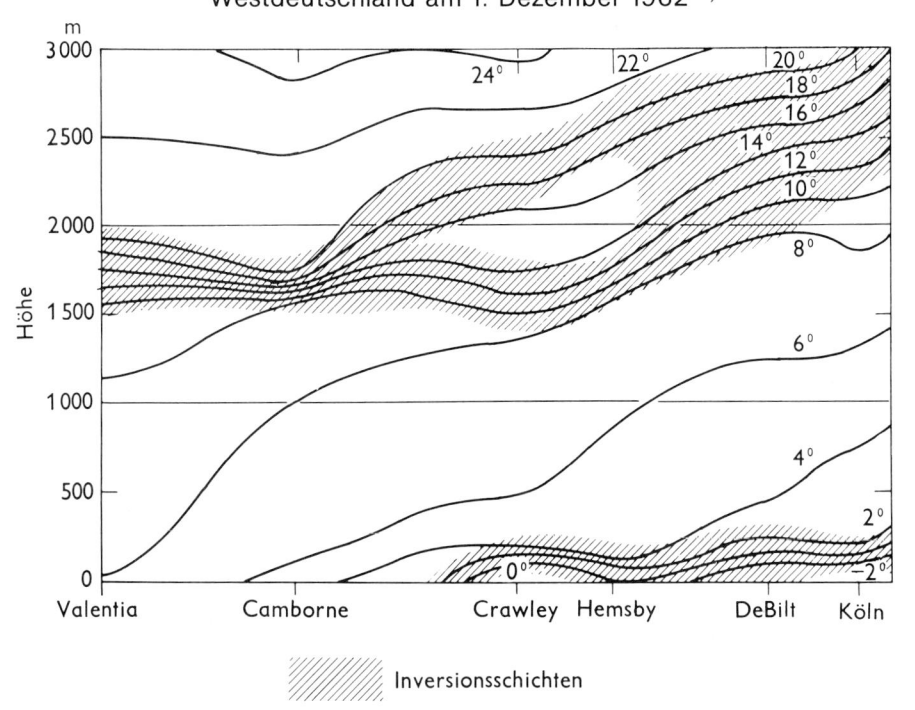

Abb. 31 Vertikalschnitt durch die Atmosphäre Südirland – Westdeutschland am 1. Dezember 1962 [1]

1) Quelle: Keil (61, S. 732)
Die eingetragenen Linien sind Kurven gleicher „potentieller" Temperatur.
Hierbei handelt es sich um diejenige Temperatur, die ein Luftteilchen annimmt,
"wenn man es adiabatisch auf den Normaldruck 1000 mb bringt" (91, S. 87).

Diese hochgelegenen Absinkinversionen verlagerten sich in den folgenden Tagen abwärts und vereinigten sich unter Verstärkung mit den Bodeninversionen.

In Form einer Isoplethendarstellung zeigt die Abbildung 32 besonders eindrucksvoll die unterschiedliche Temperaturverteilung der bodennahen Luftschichten am Beispiel der Station Köln für die Zeit vom 1. bis 9.12.1962. Deutlich erkennbar wird der bis zum 2.12.1962 anhaltende Absinkvorgang, die darauffolgende Vereinigung der Höheninversion mit der Bodeninversion und deren Vorherrschen in tiefer Lage bis zum 9.12.1962.

Um detaillierte Anhaltspunkte für eine Betrachtung des Inversionsverhaltens über dem Ruhrgebiet und dem Sauerland für diese Zeit zu erhalten, wurden hierzu die Radiosondenaufstiege der Stationen Köln und Hannover ausgewertet.

Abb. 32 Lufttemperaturen über Köln vom 1. bis 9. Dezember 1962[1]

////// Inversionsschichten

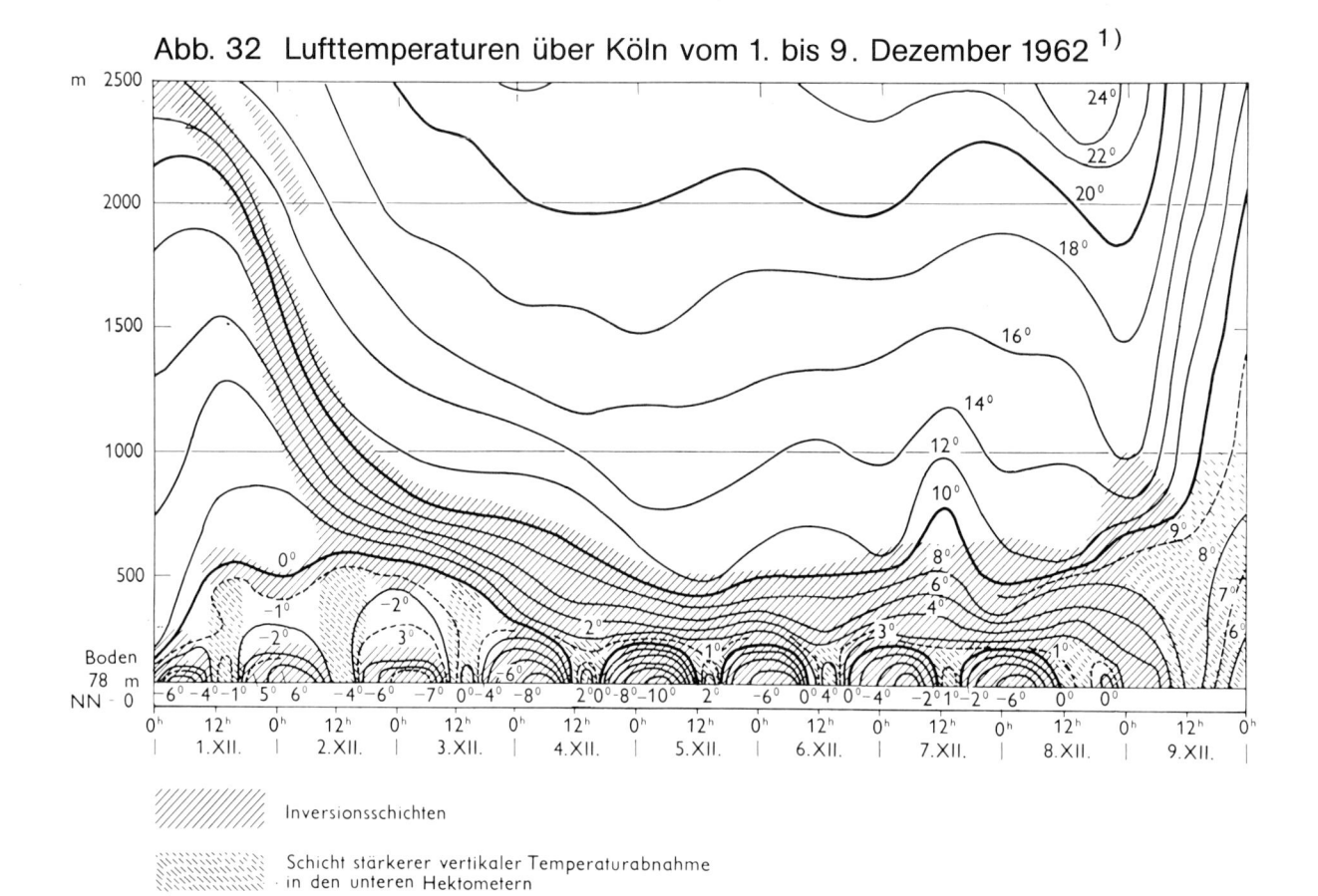

\\\\\\ Schicht stärkerer vertikaler Temperaturabnahme
in den unteren Hektometern

1) Quelle: Keil (61, S. 732). Die eingetragenen Linien sind Kurven gleicher potentieller Temperatur.

Die sich jeweils für 0 Uhr GMT und 12 Uhr GMT über beiden Orten ergebende Temperaturverteilung zwischen dem 1. und 10.12.1962 wurde in Abhängigkeit von der Höhe des Luftdruckes in thermodynamisches Diagrammpapier eingezeichnet.

Aus der in Abbildung 33 dargestellten Diagrammserie lassen sich folgende Ergebnisse entnehmen:

1. Sowohl in Hannover als auch in Köln lassen sich vom 1.12. bis 2.12.1962 (Abb. 33.1) zum 0 Uhr-Termin ausstrahlungsbedingte Bodeninversionen nachweisen. Tagsüber (2.12., 12 Uhr) werden diese in den unteren Dekametern aufgelöst und lassen somit einen bodennahen kurzzeitigen vertikalen Austausch zu.

2. Vom 2.12.1962 0 Uhr (Abb. 33.1) an treten zusätzlich an beiden Stationen Absinkinversionen auf, deren Untergrenzen über Köln bei 930 mbar (entsprechend 840 m ü. NN.)[1], über Hannover bei 853 mbar (entsprechend 1.500 m ü. NN.) liegen.

---

1) Die Meterangaben der hier genannten Höhenlagen der Inversionsgrenzen wurden meist direkt den Temps entnommen. Die anderen mbar-Angaben in Abbildung 33 lassen sich mit Hilfe der Formel der barometrischen Höhenstufe in Meterangaben umrechnen. Bei einem Druck von 1.013 mbar nimmt der Luftdruck um ein mbar nach 7,8 m ab. Mit zunehmender Höhe wird dieses Verhältnis größer, so daß z.B. bei 866 mbar mit 9,2 m/mbar gerechnet werden kann. Da die Temperaturänderung ebenfalls einen Einfluß auf die Höhe des Wertes hat, "ist für je 1° C unter bzw. über Null jeweils 0,4% zu subtrahieren bzw. addieren" (60, S. 63). Vereinfachend lassen sich in den Abbildungen 33 die mbar-Angaben in Höhenmeter mit 8 m/mbar umrechnen.

Abb. 33 Höhenlage der Inversionsgrenzen über Köln und Hannover
zwischen dem 1.12. und 10.12.1962

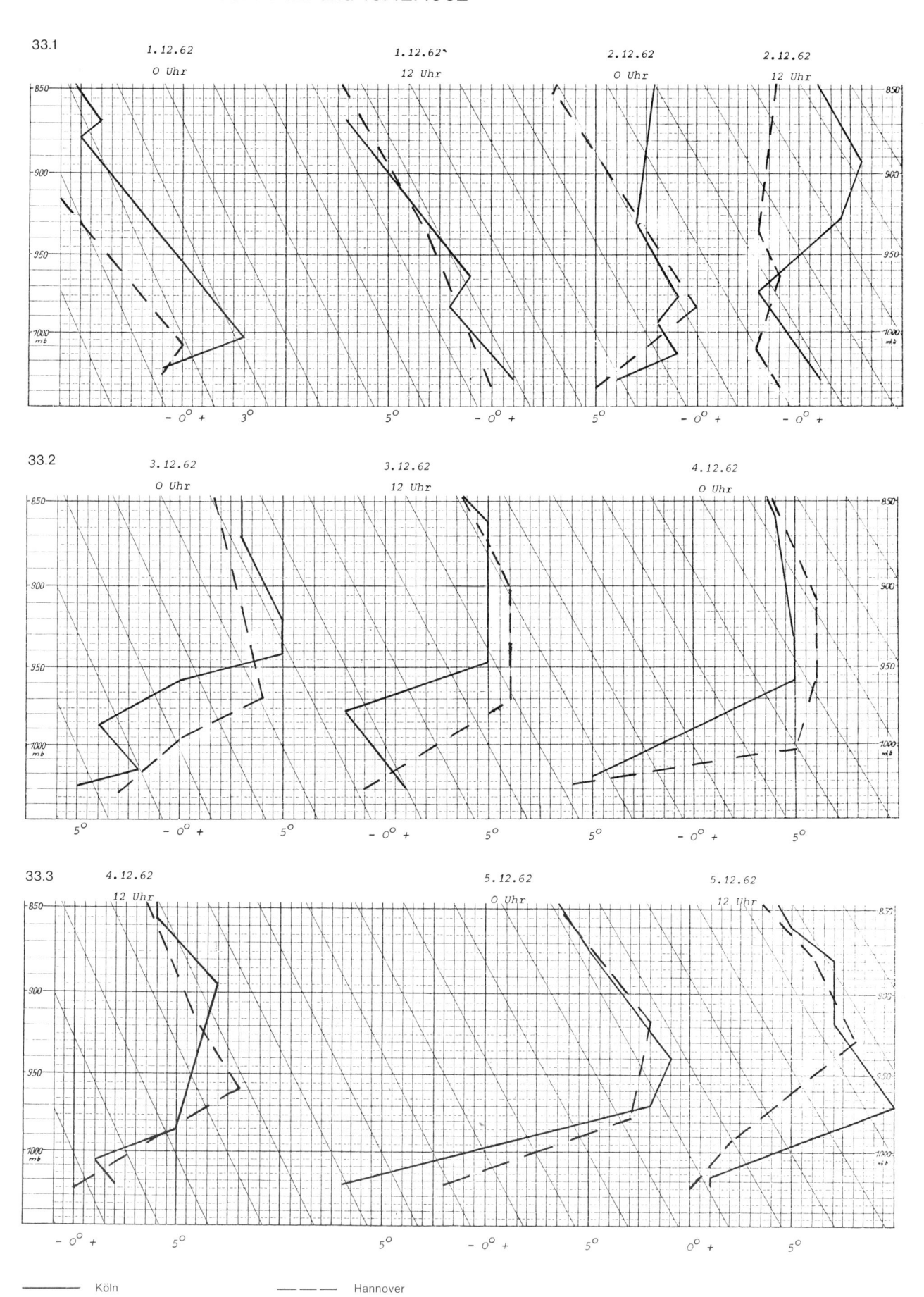

——— Köln   – – – – Hannover

33.4

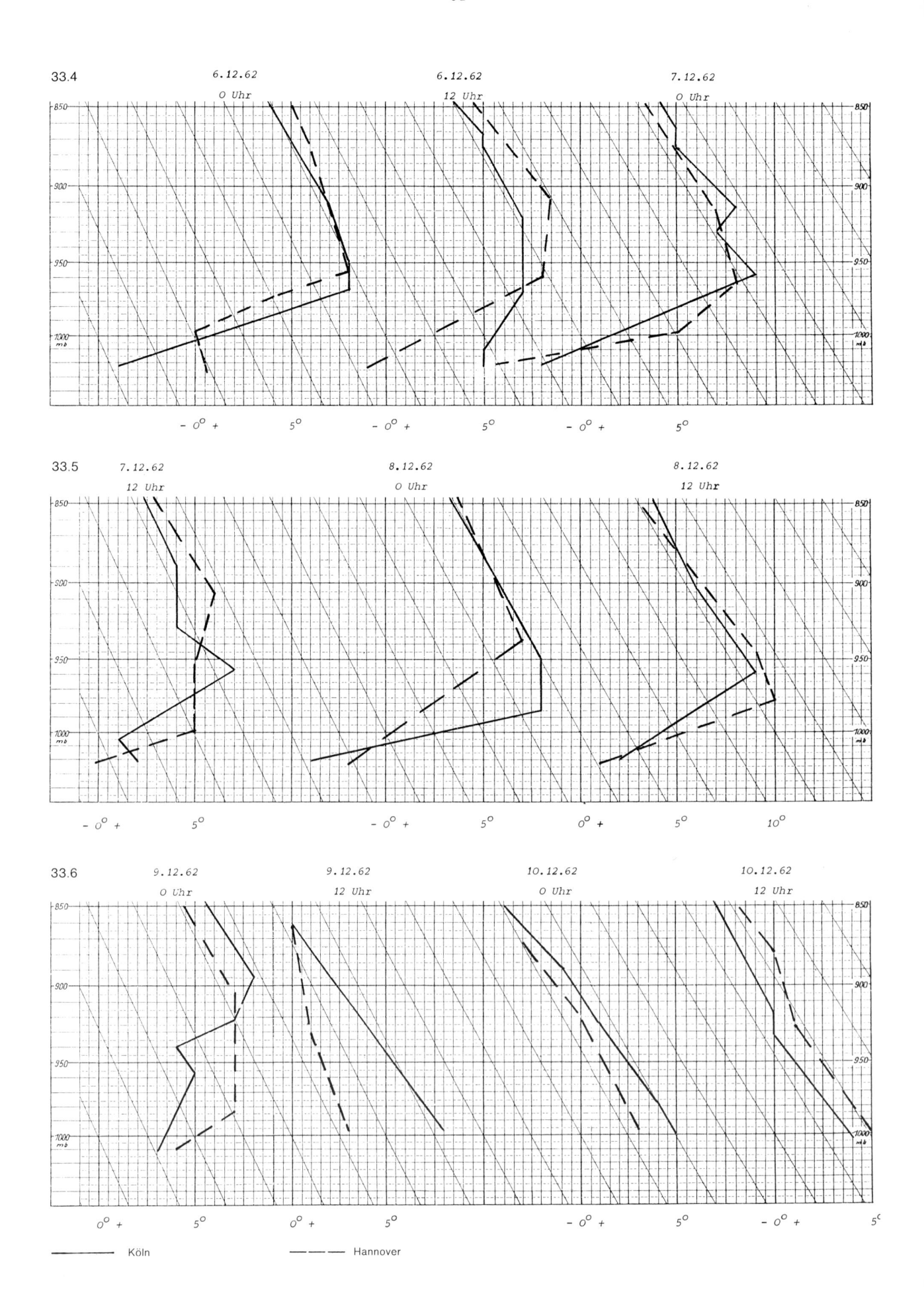

6.12.62 0 Uhr

6.12.62 12 Uhr

7.12.62 0 Uhr

33.5

7.12.62 12 Uhr

8.12.62 0 Uhr

8.12.62 12 Uhr

33.6

9.12.62 0 Uhr

9.12.62 12 Uhr

10.12.62 0 Uhr

10.12.62 12 Uhr

——— Köln   — — — Hannover

3. Zwischen dem 3.12. und 4.12.1962 0 Uhr (Abb. 33.2) wird die bodenwärtige Verlagerung der Absinkinversionen bzw. der Isothermien deutlich. Während sich vom 3.12. an die Bodeninversionen in Hannover auch zum Mittagstermin nicht mehr auflösen (an diesem Tag stieg die SO_2-Konzentration langsam an), kann dies über Köln erst vom 5.12. an beobachtet werden (Abb. 33.3).

4. Eine Vereinigung und damit eine Verstärkung und Stabilisierung der beiden genetisch verschiedenen Inversionen tritt vom 3.12.1962 (Abb. 33.2) an auf.

5. Am 4.12.1962 0 Uhr (Abb. 33.2) und an den darauffolgenden Terminen (Abb. 33.3) läßt sich ein weiteres Absinken der Inversionsgrenzen verfolgen. Ein deutlicher Anstieg der Temperaturdifferenzen zwischen Boden und Obergrenze geht mit diesem Verlagerungsvorgang einher.
Während in Köln am 5.12.1962 0 Uhr (Abb. 33.3) die Temperatur bis zur Inversionsobergrenze um $16°$ C ansteigt (am 1.12. vergleichsweise nur um $4°$ C), steigt in Hannover zum gleichen Zeitpunkt die Temperatur vom Boden bis zur Obergrenze um $10°$ C an (am 1.12. betrug der Temperaturanstieg nur $1°$ C).

Die für Inversionswetterlagen typische Verteilung der untenliegenden bodennahen schweren Kaltluft und der darüberliegenden leichteren Warmluft zeigt ein Vergleich der Luftdichten (ρ) für die Inversionsunter- und -obergrenzen am 5.12.1962 für die Station Hannover, woraus deutlich wird, daß die untenlagernde Kaltluft mit $\rho_1 = 1{,}312$ kg/m³ [1]) im Vergleich zur darüberliegenden leichteren Warmluft mit $\rho_2 = 1{,}1344$ kg/m³ schwerer ist.

Sowohl am 4.12.1962 zum 0 Uhr-Termin als auch am 5. und 8.12.1862 an beiden Terminen treten die stärksten Temperaturdifferenzen zwischen den Inversionsschichten auf.

6. Noch am 8.12.1962 (Abb. 33.5) lassen sich sowohl zum 0 Uhr-Termin als auch zum 12 Uhr-Termin relativ kräftige Bodeninversionen nachweisen (Temperaturdifferenz zwischen Unter- und Obergrenze zum 0 Uhr-Termin: Köln $12°$ C, Hannover $9°$ C; zum 12 Uhr-Termin: Köln $7°$ C, Hannover $9°$ C).
Erst einen Tag später, am 9.12.1962, stellten sich nach Abbau der den Austausch behindernden stabilen Temperaturschichten wieder normale vertikale Ausbreitungsbedingungen ein.
Abbildung 34 zeigt noch einmal im Zusammenhang die Lage der Inversionsgrenzen über Köln und Hannover, wobei insbesondere über Köln die sukzessive Abwärtsverlagerung der Inversionsuntergrenzen deutlich erkennbar wird.

---

[1]) $\rho_{1,2} = \rho_0 \cdot \dfrac{p_{1,2}}{p_0} \cdot \dfrac{1}{1 + \alpha \cdot t_{1,2}} \cdot \left(1 - 0{,}378 \dfrac{e_{1,2}}{p_{1,2}}\right)$

es gilt: $\rho_{1,2}$ = zu berechnende Dichte in kg/m³

ρ_0 = Dichte trockener Luft unter Normalbedingungen

$p = p_1 = 1.023$ mbar $= 767$ Torr
$ p_2 = 916$ mbar $= 687$ Torr

p_0 = Luftdruck unter Normalbedingungen

α = Ausdehnungskoeffizient ($\alpha = 0{,}00367$)

$e = e_1 = 3{,}04$ mbar; $e_2 = 0{,}64$ mbar

$t = t_1 = -2{,}0°$ C; $t_2 = 0{,}1°$ C

Abb. 34 Lage der Inversionsgrenzen über Köln und Hannover zum 12 Uhr GMT-Termin für den Zeitraum vom 1. bis 8.12.1962

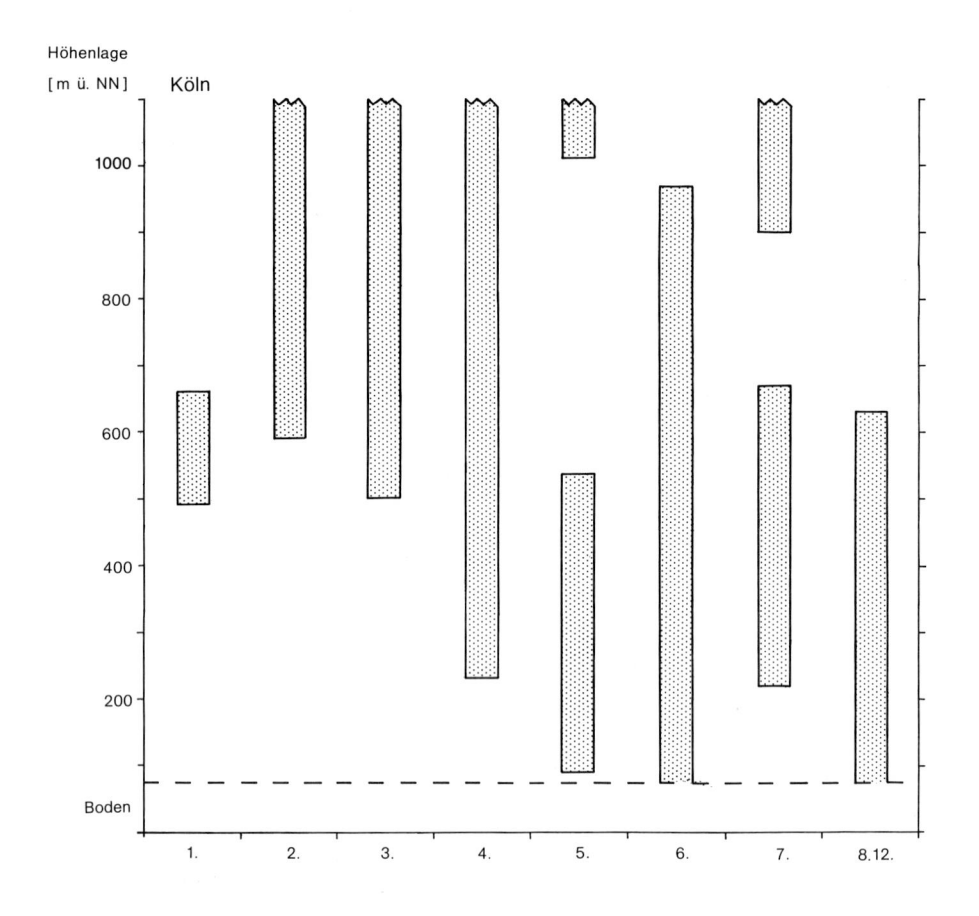

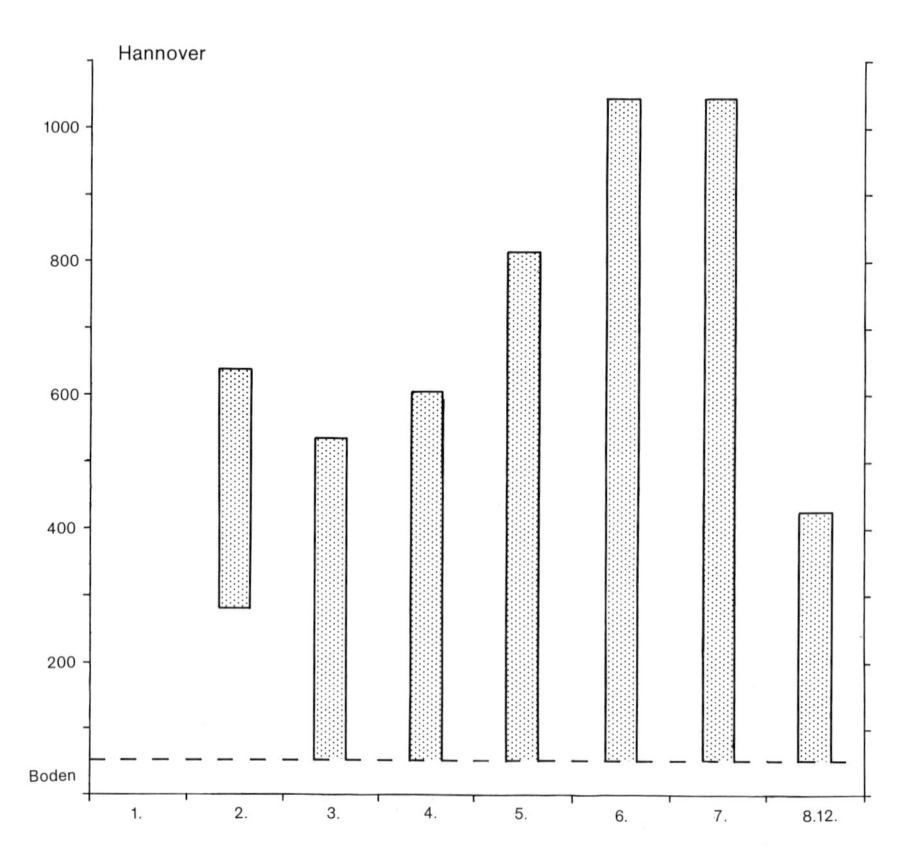

Als Ergebnis dieser Analyse kann zusammenfassend festgestellt werden, daß sich ein in seinem zeitlichen und auch räumlichen Verlauf vergleichbares vertikales Temperaturverhalten an beiden Radiosondenstationen für die Zeit des Vorherrschens der Smogperiode ergab und daß mit dem Absinken der Inversionsuntergrenze besonders am 4., 5. und 6.12.1962 eine Verstärkung der Temperaturumkehrschichten eintrat.

Die maximale Ausprägung der Inversionen zwischen dem 4. und 6.12.1962 ließ während dieser Zeit eine erhöhte Schadstoffakkumulation im bodennahen Bereich entstehen. Ein Abbau der Inversionslage an diesen beiden Stationen ließ sich erst am Vormittag des 9.12.1962 erkennen.

5.3.2.3 Zusammenbruch der Smogperiode

Während die Inversionswetterlage noch bis zum 9.12.1962 andauerte, kündigte das relativ rasche Absinken der SO_2-Konzentrationen in den Abend- und Nachtstunden des 6.12.1962 an den Meßstationen in Gelsenkirchen (siehe S. 51) den Abbau der Smogperiode im Ruhrgebiet an.

Aus den Vergleichen, die GEORGII (36) und KLUG (68) über die zeitliche Beendigung der hohen Schadstoffbelastungen zwischen verschiedenen Städten durchführten, fällt der örtlich unterschiedliche Abbruch der Smogperiode auf.
Während "normale Austauschverhältnisse in Bochum am 6.12. um 9 Uhr und in Gelsenkirchen am gleichen Tag gegen 20 Uhr eintraten" (36, S. 758), sanken in Frankfurt/M. dagegen die hohen Schadgaskonzentrationen erst in den Mittagsstunden des 8.12., wofür - wie anhand der Abbildung 28 (S. 54) zu erkennen ist - das nach Süden zurückweichende Hoch möglicherweise verantwortlich ist.

Unter den Faktoren, die diese Smogperiode beendeten, spielte die Zunahme der Windgeschwindigkeit zumindest für die Station Gelsenkirchen eine große Rolle. Mit Auffrischen des Windes aus Südwest (ca. 4 m/s) in den Abendstunden des 6.12.1962 fielen die Schadstoffkonzentrationen rapide ab.

Darüber hinaus führte nach Untersuchungen von KLUG (67, S. 64) im Zentrum des Ruhrgebietes neben der Zunahme der Windgeschwindigkeit ein "weiteres Absinken der wärmeren Luft zusammen mit der Tageserwärmung bereits zu einer Auflösung der Bodeninversionen in den höher gelegenen Randteilen des Ruhrgebietes, so daß am Standort des Wetteramtes auf dem Flughafen Essen/Mülheim (120 m ü. NN.) schon Mittagstemperaturen von 10° C gemessen wurden, während diese in tiefer gelegenen Teilen unter der Bodeninversion um diese Zeit kaum 0° C betrugen".

Das partielle Auflösen der Bodeninversionen im Laufe des 6.12.1962 kündigte sich auch an den Radiosondenstationen Köln und Hannover an, wo am 6.12. zum Nachttermin noch mächtige und starke Bodeninversionen vorherrschten, die jedoch 12 Stunden später deutlich abgeschwächt vorhanden waren.
Dies läßt darauf schließen, daß die vorher stabilen Schichtungsverhältnisse starken Veränderungen unterworfen wurden.

Ein interessanter Hinweis auf einen weiteren möglichen Faktor, der den Zusammenbruch der Smoglage steuerte, scheint mir zu sein, daß sich am 5. und 6.12.1962 ein großräumiger Luftmassenwechsel dadurch ankündigte, daß feuchte Luft über Norddeutschland einfloß (98). Durch die Zufuhr feuchter Meeresluft bildete sich im Kondensationsniveau an der Inversionsgrenze eine Stratusbewölkung aus. Die hierdurch erhöhte Gegen- und Ausstrahlung führte zwischen dem Boden und der Wolkendecke zu einer Erhöhung der Temperatur, die für eine beginnende Turbulenz sorgte.[1]

Die Gründe, die somit zu einem Zusammenbruch der Smogperiode am 6.12.1962 im Ruhrgebiet führten, lassen sich im wesentlichen in drei Punkten zusammenfassen:

1. Auffrischen des Windes aus Südwest;

2. Ein lokal unterschiedlich starkes, durch die Geländegestalt bestimmtes teilweises Auflösen der Inversionen, deren großräumige Veränderung sich bereits durch eine Abnahme der Inversionsstärke am 6.12.1962 zum Mittagstermin ankündigte
und

3. ein von Norden her einsetzender Luftmassenwechsel, der sich durch eine aufkommende Stratusbewölkung ankündigte.

---

[1] Die sehr ausführlichen Untersuchungen, die HESS (51) im Rahmen seiner Diplomarbeit hierzu vornahm, scheinen diese auch von KLUG (67) geäußerte Vermutung zu bestätigen.

6. Analyse der Inversionswetterlage Anfang Dezember 1962 im Sauerland

Anhand der Auswertung der Radiosondenaufstiege über Köln und Hannover konnte deutlich gezeigt werden, daß während der Smoglage in wenigen Hektometern über der Erdoberfläche Warmluft lag, die durch eine Temperaturinversion von der untenlagernden verschmutzten Kaltluft getrennt war.

Ausgehend von dieser höhenabhängigen Temperaturgegensätzlichkeit sollen im letzten Teil der Arbeit die zuvor erzielten Ergebnisse durch eine Analyse des Inversionsverhaltens im ruhrgebietsnahen Sauerland ergänzt werden.

Hierbei soll neben einer Diskussion über das Vorherrschen von Inversionen im Sauerland während der Smogperiode im Ruhrgebiet eine Abgrenzung zwischen der nicht verunreinigten hochgelegenen Warmluft und der verschmutzten bodennahen Kaltluft erfolgen; letzteres insbesondere im Hinblick auf eine Bestimmung von Reinluftgebieten im Sauerland, die während des Vorherrschens von Smogwetterlagen im Ruhrgebiet dann als potentielle Erholungsräume genutzt werden können.

Das für diese Analyse zur Auswertung notwendige Datenmateril wurde von den dem Wetteramt Essen angeschlossenen Klimastationen im Sauerland zur Verfügung gestellt.

In nachfolgender Tabelle 7 sind den jeweils zur Auswertung gelangenden Stationen kurze Lagebeschreibungen beigefügt.

Neben den Angaben zur Lufttemperatur, der Luftfeuchte und den Sichtweiten umschließt die Auswertung einen Versuch zur Korrelation der Lufttemperaturen zwischen den Klimastationen Lüdenscheid und dem Kahlen Asten einerseits und andererseits mit den in diesen Höhenlagen auftretenden Temperaturen über den Radiosondenstationen Köln und Hannover während der austauscharmen Wetterlage.

6.1 Vergleich der Tagesgänge der Lufttemperaturen

Da im Sauerland eine Aufnahme vertikaler Temperatur-Höhenprofile durch stationäre bzw. mobile Radiosondenstationen entfällt, beschränkt sich eine für dieses Gebiet durchgeführte Analyse über das zeitliche und räumliche Vorhandensein von Temperaturinversionen während der austauscharmen Wetterlage auf eine Gegenüberstellung der an den Klimastationen erfaßten Klimaelemente.

Ein erster Überblick erfolgt anhand der Darstellung des Temperaturverhaltens der einzelnen Stationen für die Zeit vom 1. bis 10.12.1962.
Der hierzu angefertigten Diagrammserie über die Tagesgänge der Lufttemperatur auf Seite 69 kann folgendes entnommen werden:

1. Vom 3. bis 7.12.1962 lagen die Temperaturen der höchstgelegenen Station, dem Kahlen Asten, über denen der tiefer gelegenen Meßstellen. Dies wird besonders deutlich bei einem Vergleich der Werte der Talstationen Eslohe und Altenhundem mit denen des Kahlen Asten, wie auch mit denen der anderen Stationen.

2. Als besonders auffallend war für die Zeit der Smogperiode auf dem Kahlen Asten ferner ein nur minimal ausgeprägter Tagesgang der Lufttemperatur, dessen Amplitude nicht einmal 2° C erreichte. Besonders hohe Amplitudenwerte wurden dagegen erwartungsgemäß an den Talstationen Eslohe (16° C) und Altenhundem (13° C) erreicht. Aber auch in Iserlohn (12° C), Arnsberg (11° C) und Essen (10° C) ließen sich im Vergleich zum Kahlen Asten relativ hohe tägliche Temperaturamplituden erkennen.

Tabelle 7: Angaben zur Lage der Klimastationen im Untersuchungsraum[1]

Stationsname	Höhenlage	Breite/Länge	Lage
Essen-Mülheim	155 m	51°24'26'' N 6°58'00'' E	auf einer SE, S und W geneigten Kuppe
Arnsberg	217 m	51°22'40'' N 8° 4'20'' E	im Ruhrtal, 25 m oberhalb des Flusses; an stark geneigtem Hang
Iserlohn	230 m	51°22'40'' N 7°45'55'' E	3 km östlich des Stadtkerns von Iserlohn, Hochfläche, Hang
Altenhundem	300 m	51°06'31'' N 8° 5'12'' E	ausgesprochene Talstation, Lenne
Eslohe	325 m	51°15'32'' N 8°10'13'' E	ausgesprochene Talstation ohne großflächige Bebauung in der Umgebung
Lüdenscheid	444 m	51°12'52'' N 7°38'14'' E	liegt oberhalb des in großflächiger Mulde liegenden Stadtkerns
Brilon	472 m	51°24'13'' N 8°33'48'' E	nordwestlich des in großflächiger Mulde liegenden Stadtkerns an aufgelockert besiedeltem Hang
Kahler Asten	835 m	51°10'49'' N 8°29'23'' E	Gipfellagenstation am Westhang des Kahlen Asten; unbeeinflußt durch großflächige Bebauung

3. Markant waren dagegen die vergleichsweise recht unterschiedlichen Amplitudenwerte für die Stationen Lüdenscheid (444 m) und Brilon (475 m) bei einer nur geringfügigen Höhendifferenz beider Stationen von nur ca. 35 m. Während in Lüdenscheid nur ca. 9° C in der täglichen Temperaturschwankung erreicht wurden, registrierte man in Brilon 14,5° C.
Darüber hinaus trat zwischen beiden Stationen auch ein großer Unterschied in der absoluten Höhe der Lufttemperaturen besonders zum Abendtermin auf:
Waren die Mittagswerte an beiden Stationen vergleichbar hoch, so sanken die 21 Uhr-Werte in Brilon meist unter -5° C; in Lüdenscheid wurde hingegen bis auf den 3.12.1962 1° C nicht unterschritten.

---

[1] Im wesentlichen nach den beim Wetteramt Essen vorliegenden Stationsbeschreibungen.

Abb. 35
Tagesgang der Lufttemperaturen an den Klimastationen des Untersuchungsgebietes für den Zeitraum vom 1. bis 10.12.1962

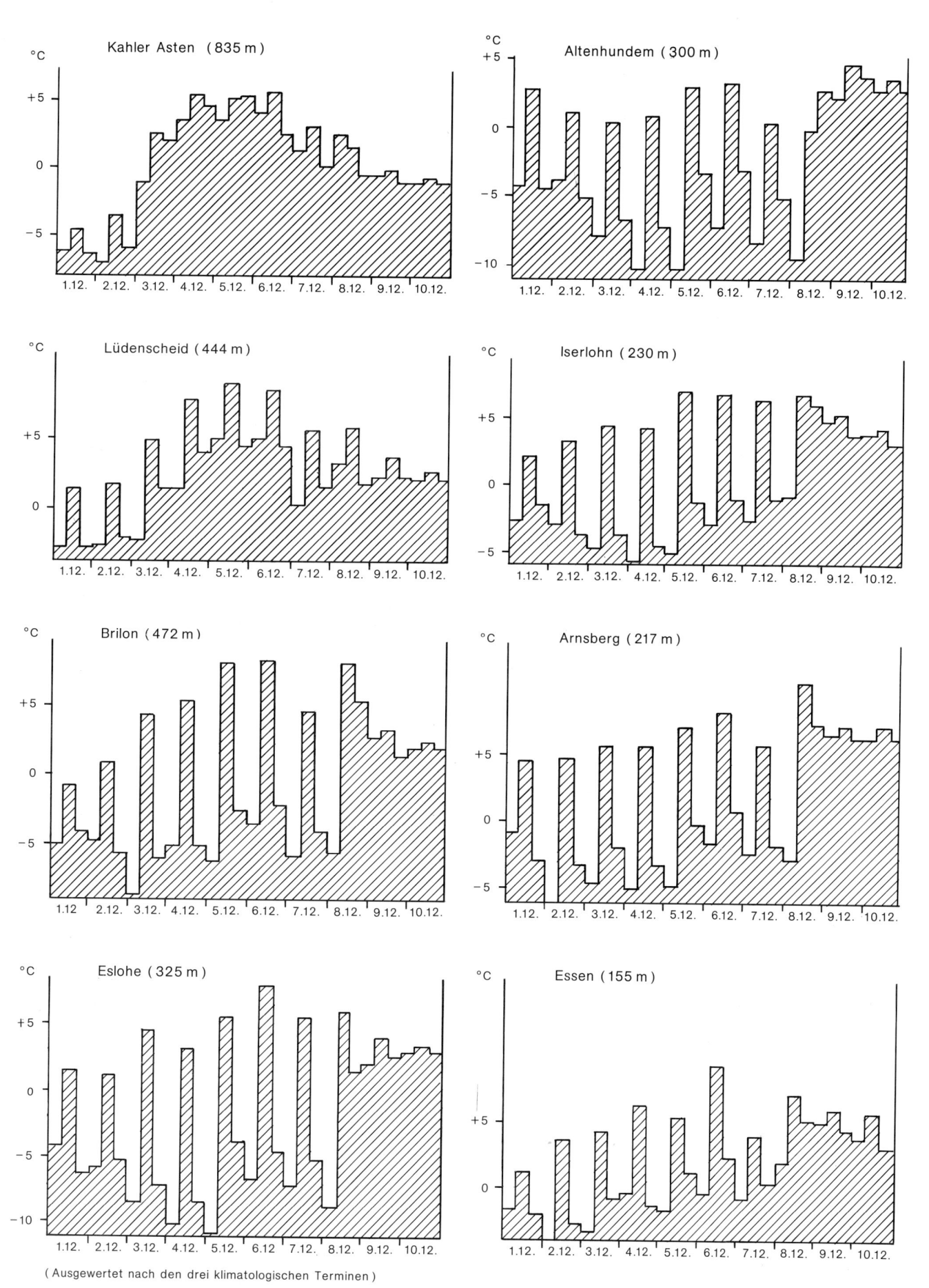

(Ausgewertet nach den drei klimatologischen Terminen)

4. Bis zum 8.12.1962 verfügten die Stationen Essen (155 m), Arnsberg (217 m), Iserlohn (230 m), Altenhundem (300 m), Eslohe (330 m) und Brilon (475 m) über deutlich hohe tägliche Temperaturschwankungen, die unter dem Einfluß der am Boden lagernden Kaltluft entstanden.

Der Kahle Asten (835 m) und die Station Lüdenscheid (444 m) ließen während dieser Zeit keine vergleichbaren Temperaturamplituden erkennen. Vom 8.12.1962 an (die Smoglage war beendet und die Kaltluft weggeräumt) stiegen die Temperaturen an allen Stationen - bis auf den Kahlen Asten und Lüdenscheid - wieder an und wiesen nur geringfügige Temperaturschwankungen auf.

Mit dem Ende der Inversionswetterlage stellten sich wieder normale Temperaturverhältnisse ein, erkennbar u.a. daran, daß die Temperaturen an der 835 m hoch gelegenen Station auf dem Kahlen Asten wieder unter denen lagen, die an den Tieflandstationen gemessen wurden.

6.2 Auswertung der Temperaturdifferenzen zwischen dem Kahlen Asten und den Vergleichsstationen

Um die Höhe der vorhandenen Temperaturunterschiede und damit die Stärke der Temperaturinversionen zwischen den unterhalb des Kahlen Asten liegenden Vergleichsstationen zu verdeutlichen, sollen die Temperaturdifferenzen der Tagesmittelwerte aller Klimastationen zum Kahlen Asten für den Zeitraum vom 1. bis 10.12.1962 anhand folgender Tabelle 8 besprochen werden.
Eine positive Temperaturdifferenz, wie sie insbesondere zwischen dem 3. und 7.12.1962 auftrat, läßt dabei den höheren Wert der Lufttemperatur auf dem Kahlen Asten erkennen.

Tabelle 8: Differenzen der Tagesmitteltemperaturen zwischen dem Kahlen Asten und den Vergleichsstationen ($t_{K.A.} - t_{V.S.}$) für die Zeit vom 1. bis 10.12.1962 (in K)

Datum	Essen	Arnsberg	Iserlohn	Altenhundem	Eslohe	Lüdenscheid	Brilon
1.12.	- 4,9	- 3,3	- 5,1	- 3,5	- 2,5	- 4,1	- 2,6
2.12.	- 4,3	- 1,7	- 4,0	- 2,6	- 2,2	- 4,4	- 2,0
3.12.	1,5	4,3	3,3	6,5	5,9	0,1	5,3
4.12.	3,8	8,3	7,3	10,6	11,2	0,4	7,1
5.12.	3,3	6,7	4,9	8,4	8,2	- 0,8	5,7
6.12.	0,3	3,9	3,3	6,1	5,7	- 1,9	3,8
7.12.	0,2	3,4	0,8	5,7	4,3	- 1,0	3,5
8.12.	- 4,1	- 2,4	- 3,7	1,8	0,8	- 2,2	- 2,5
9.12.	- 5,5	- 4,7	- 5,0	- 4,3	- 3,4	- 3,1	- 2,9
10.12.	- 4,7	- 5,0	- 4,6	- 4,1	- 4,0	- 2,9	- 3,2

Während zwischen dem Kahlen Asten und der Station Essen[1] für die Dauer der Inversionswetterlage nur eine mäßig hohe Temperaturdifferenz zwischen 1,5 K (3.12.), 3,8 K (4.12., Maximum) und 0,2 K (7.12., Minimum) ausgebildet war, schwankten die Temperaturunterschiede an den Stationen Iserlohn, Arnsberg und Brilon am 3.12. zwischen 3,3 K und 5,3 K; sie erreichten ebenfalls am darauffolgenden Tag, dem 4.12., Maximalwerte zwischen 7,1 K und 8,3 K und fielen dann auf 0,8 K bzw. 3,5 K am 7.12. zu Ende der Smogperiode ab.

Das durch die Orographie stark beeinflußte Lokalklima der Talstationen Altenhundem und Eslohe ließ die jeweils niedrigsten Tagesmitteltemperaturen und somit die höchsten positiven Temperaturdifferenzen aller Vergleichsstationen zum Kahlen Asten entstehen. Hier bewegten sich die positiven Temperaturdifferenzen zum Kahlen Asten zu Beginn der Inversionswetterlage zwischen 5,9 K und 6,5 K (3.12.), stiegen am 4.12. auf 10,6 K bzw. 11,2 K an und sanken dann wieder über 4,3 K und 5,7 K am 7.12. auf 0,8 K und 1,8 K am 8.12. ab. Die Kaltluft herrschte somit erwartungsgemäß in den Tälern am längsten vor.

Eine Sonderstellung bezüglich der Ausbildung der positiven Temperaturdifferenzen zum Kahlen Asten nimmt die Station Lüdenscheid ein (auf den zum Kahlen Asten vergleichbaren Tagesgang wurde bereits hingewiesen); hier wurden an nur zwei Tagen, nämlich am 3. und 4.12. geringfügig niedrigere Temperaturen gemessen als auf dem Kahlen Asten, obwohl die Höhendifferenz zwischen beiden Stationen fast 400 m beträgt.

Auf diese im Vergleich zu den anderen Stationen geringen Werte und die relativ kurze Dauer des Vorherrschens positiver Temperaturdifferenzen zwischen diesen beiden Stationen wird später noch näher einzugehen sein.

Wiesen schon die vergleichbar hohen Lufttemperaturen in Lüdenscheid und dem Kahlen Asten auf die warmluftbegünstigte Lage dieser Stationen während der Inversionswetterlage hin, so erlaubt eine Auswertung der täglichen Temperaturdifferenzen zwischen dem Kahlen Asten, Lüdenscheid und den Vergleichsstationen für die drei klimatologischen Termine (7, 14, 21 Uhr) eine detailliertere Betrachtung.

Hiernach ergaben sich die größten positiven Temperaturdifferenzen zwischen den Vergleichsstationen und dem Kahlen Asten am 4. und 5.12.1962 zum Morgentermin (siehe Tabelle 9).

Während die Temperaturen in Eslohe, Altenhundem und auch Arnsberg mit jeweils 14,3 K, 13,8 K bzw. 10,6 K unter denen des Kahlen Asten lagen, sanken diese an den Stationen Essen, Iserlohn und Brilon nur um jeweils 5,1 K, 8,5 K und 9,7 K unter diejenigen der Gipfelstation.

Die niedrigsten Temperaturdifferenzen zum 7 Uhr-Termin konnten für alle Stationen zu Beginn (3.12.) und gegen Ende der Smogperiode am 7./8.12.1962 errechnet werden. Betrachtet man darüber hinaus die Temperaturamplituden, die sich zwischen dem 3. und 8.12.1962 zum 7 Uhr-Termin an den einzelnen Stationen einstellten, so fällt die vergleichsweise nur geringe morgendliche Temperaturveränderung an der Station Lüdenscheid auf; denn während die Temperaturschwankungen an den Stationen Eslohe und Altenhundem ca. 7 K, in Arnsberg 6,2 K, in Essen und Iserlohn 4,6 K und in Brilon 2,6 K erreichten, wies Lüdenscheid für diesen Zeitraum nur eine Temperaturschwankung von 1,0 K auf.

Zum Mittagstermin (14 Uhr) ließ sich aufgrund der unterschiedlich starken, von lokalen Verhältnissen abhängigen Erwärmung ein kurzzeitiges Auflösen der Inversionen an den meisten Stationen erkennen. Deutlich nehmen demzufolge die Temperaturdifferenzen in Tabelle 9 negative Vorzeichen an.

---

1) Die nur schwach ausgebildeten Temperaturunterschiede zwischen Essen und dem Kahlen Asten dürften auf der Temperaturerhöhung durch den im Ruhrgebiet auftretenden Stadtklimaeffekt beruhen.

Tabelle 9: Temperaturdifferenzen in K zwischen dem Kahlen Asten und den Vergleichsstationen ($t_{K.A.} - t_{V.S.}$) für die Zeit vom 1. bis 10.12.1962 für die drei klimatologischen Termine (7, 14, 21 Uhr)

7 Uhr

	Essen	Iserlohn	Arnsberg	Lüdenscheid	Brilon	Eslohe	Altenhundem
1.12.	- 4,8	- 3,6	- 3,3	- 3,3	- 1,3	- 2,2	- 2,2
2.12.	- 3,1	- 4,2	0,9	- 4,3	- 2,5	- 1,4	- 3,4
3.12.	2,2	3,6	4,4	1,4	7,4	7,4	6,7
4.12.	3,1	8,3	10,6	2,2	8,6	13,7	13,8
5.12.	5,1	8,5	10,4	- 1,5	9,7	14,3	13,8
6.12.	4,5	7,1	7,8	- 0,8	7,6	10,8	11,2
7.12.	2,0	3,9	5,7	1,2	7,1	8,5	9,6
8.12.	0,5	3,3	7,4	- 0,6	8,1	11,3	12,1
9.12.	- 5,2	- 5,2	- 4,5	- 2,5	- 3,2	- 2,6	- 2,8
10.12.	- 4,8	- 5,1	- 4,9	- 3,1	- 3,2	- 4,1	- 4,1

14 Uhr

	Essen	Iserlohn	Arnsberg	Lüdenscheid	Brilon	Eslohe	Altenhundem
1.12.	- 6,1	- 2,8	- 7,0	- 6,0	- 4,1	- 7,4	- 7,5
2.12.	- 7,3	- 6,9	- 5,1	- 5,3	- 4,6	- 5,5	- 4,8
3.12.	- 1,7	- 1,9	- 0,6	- 2,4	- 2,0	- 2,3	- 2,1
4.12.	- 0,9	1,3	2,4	- 2,3	0,1	- 2,3	- 4,7
5.12.	0,2	- 2,0	0,6	- 3,8	- 3,1	- 0,3	- 2,2
6.12.	- 3,6	- 1,0	0,1	- 2,7	- 2,6	- 2,1	- 2,4
7.12.	- 0,8	- 3,2	- 0,3	- 2,5	- 1,5	- 2,4	- 2,8
8.12.	- 5,6	- 5,2	- 6,3	- 4,2	- 6,5	- 4,3	- 1,8
9.12.	- 6,0	- 5,4	- 4,7	- 3,6	- 3,4	- 4,0	- 4,8
10.12.	- 6,3	- 5,0	- 5,3	- 3,2	- 3,2	- 4,0	- 4,4

21 Uhr

	Essen	Iserlohn	Arnsberg	Lüdenscheid	Brilon	Eslohe	Altenhundem
1.12.	- 4,4	- 5,0	- 1,5	- 3,5	- 2,5	- 0,3	- 2,1
2.12.	- 3,4	- 2,4	- 0,8	- 4,0	- 0,5	- 1,0	- 1,1
3.12.	2,7	5,7	6,1	0,7	7,9	9,1	8,6
4.12.	6,0	9,2	10,0	0,8	9,8	13,0	11,8
5.12.	4,2	6,6	7,8	1,0	8,0	9,3	8,7
6.12.	0,1	3,5	4,0	- 2,0	4,7	7,1	5,5
7.12.	- 0,1	1,2	4,1	- 1,2	5,0	5,5	5,3
8.12.	- 5,6	- 6,4	- 5,3	- 2,0	- 5,8	- 1,8	- 3,2
9.12.	- 5,5	- 4,9	- 4,9	- 3,2	- 2,6	- 3,6	- 4,9
10.12.	- 3,9	- 4,1	- 4,8	- 2,7	- 3,1	- 3,9	- 4,0

Zum Abendtermin (21 Uhr) bildeten sich dann an allen Stationen wiederum niedrigere Temperaturen im Vergleich zu denen des Kahlen Asten aus.
Während die ausgesprochenen Tallagen Eslohe, Altenhundem aber auch Arnsberg wiederum mit jeweils 13 K, 11,8 K bzw. 10 K die höchsten Temperaturdifferenzen zum Kahlen Asten erreichten, stiegen die Werte an den Stationen Brilon, Iserlohn und Essen auf jeweils 9,8 K, 9,2 K und 6 K an.

In Lüdenscheid wurden - dem Morgentermin vergleichbar - auch zum 21 Uhr-Termin wieder nur sehr geringe positive Temperaturdifferenzen mit maximal 1 K gemessen. Auch ein Vergleich der Temperaturamplituden des Abendtermins für die Zeit vom 3. bis 7.12.1962[1]) macht die bevorzugte Lage Lüdenscheids neben der des Kahlen Asten deutlich:
Während an allen anderen Stationen Temperaturamplituden zwischen 6 K und 8 K nachgewiesen werden konnten, wurde in Brilon 4,8 K und in Lüdenscheid letztlich ein Wert von 2,8 K erreicht. Auch zu diesem Termin läßt sich somit an der Station Lüdenscheid für die Zeit vom 3. bis 7.12.1962 ein relativ gleiches Temperaturverhalten feststellen.

6.3 Die Sonderstellung der Station Lüdenscheid

Die Sonderstellung der Station Lüdenscheid, die in bezug auf die Ausprägung der Lufttemperaturwerte zum Ausdruck kommt, läßt einerseits eine deutliche Abgrenzung sowohl in der Temperaturhöhe als auch in deren Amplitude zu den tieferliegenden Stationen erkennen. Andererseits sind diese Werte gut mit denen des um fast 400 m höher liegenden Kahlen Asten vergleichbar.

Unter dem Gesichtspunkt einer Einschätzung der Höhenlage der Inversionsgrenzen im Sauerland soll dieser Aspekt näher untersucht werden.

Nach den bisherigen Ausführungen konnten an den Klimastationen im Sauerland am 4. und 5.12.1962 die jeweils größten Temperaturunterschiede zwischen dem Kahlen Asten/ Lüdenscheid und den übrigen tiefergelegenen Stationen beobachtet werden.
Daß sowohl der Kahle Asten als auch Lüdenscheid oberhalb der mit Kaltluft, Nebel und Dunst erfüllten luftverschmutzten Täler lag, während gleichzeitig in diesen Tälern bei tiefen Temperaturen und einer hohen Luftfeuchte schlechte Sichtverhältnisse vorherrschten, läßt sich für beide Tage noch einmal deutlich an den in Tabelle 10 zusammengestellten Werten erkennen. Auffallend niedrige Temperatur- und Sichtweitenwerte ergaben sich an diesen Tagen für die 30 m höher als Lüdenscheid gelegene Station Brilon, deren Werte - wie der Tabelle 10 zu entnehmen ist - mit denen der tiefergelegenen Station Iserlohn z.B. vergleichbar sind.

Hiernach dürfte Brilon mit einer Höhenlage von 475 m ü. NN. auch noch innerhalb der tälererfüllenden Kaltluft gelegen haben.

Für eine später zu erfolgende Abschätzung der Inversionsgrenzen zwischen untenliegender Kaltluft und obenliegender Warmluft können ergänzend die auf der Station des Kahlen Asten durch stündliche Sichtbeobachtungen erstellten Montberichte[2]) weitere Hinweise über die Höhenlage des durch die Inversion nach oben scharf begrenzten Dunstes liefern.

---

1) Am 8.12.1962 mittags stellten sich schon wieder normale Temperaturverhältnisse zwischen den Vergleichsstationen und dem Kahlen Asten ein, so daß eine Auswertung für diesen Tag unterblieb.
2) Montbericht: Festlegung der Wolken- bzw. Dunstobergrenze mit Hilfe von Sichtbeobachtungen von Gipfelstationen aus.

Tabelle 10: Vergleich der Tagesmittel der Temperatur,
der relativen Luftfeuchte und der Sichtweiten
für den 4. und 5.12.1962 zwischen dem Kahlen Asten/
Lüdenscheid und den Vergleichsstationen

	Tagesmitteltemperaturen	rel. Feuchte	Sicht
Kahler Asten	4,2 bis 5,7° C	15 - 23 %	50 km
Lüdenscheid	4,6 bis 4,9	19 - 39	20 - 50
Essen	0,8 bis 1,6	46 - 47	2 - 4
Iserlohn	-2,7 bis 0,0	59 - 63	4
Arnsberg	-1,8 bis -3,7	63 - 66	10 - 20
Eslohe	-3,3 bis -6,6	72 - 74	10
Altenhundem	-6,0 bis -3,5	72 - 75	10
Brilon	-2,5 bis -0,8	56 - 64	5 - 10

Nach diesen Schätzungen herrschte eine mehr oder weniger einheitlich ausgeprägte
Dunstobergrenze für die Zeit vom 2. bis 6.12.1962 in einer Höhenlage von ca. 600 m
vor, die bei Beginn des Abbaus der Inversionswetterlage am 7.12. auf 700 m anstieg
und am 8.12. die Höhe des Kahlen Asten erreichte, wo im Laufe des Tages ein weiteres Ansteigen des Dunstes mit einer sich stündlich verstärkenden Sichtverschlechterung das Ende der Inversionswetterlage ankündigte.

6.4 Temperaturvergleich zwischen den Klimastationen Kahler Asten/Lüdenscheid
und den Radiosondenstationen Köln und Hannover

Da der Kahle Asten und auch Lüdenscheid während dieser Inversionswetterlage oberhalb
der luftverschmutzten feuchten Kaltluft lagen, soll nunmehr festgestellt werden,
welche horizontale Verbreitung die über der Kaltluft lagernde Warmluft über diese
zwei Stationen hinaus besaß.

Für eine Klärung dieser Fragestellung bot sich ein großräumiger Vergleich der Lufttemperaturen zwischen den beiden o.g. Klimastationen und denjenigen Meßdaten an, die
in vergleichbaren Höhen über den Radiosondenstationen von Köln und Hannover gemessen
wurden.

Zu diesem Zweck wurden die für den Zeitraum vom 1. bis 10.12.1962 an den beiden Radiosondenstationen in 840 m bzw. 440 m ü.NN. zum 0 Uhr-Termin bzw. 12 Uhr-Termin erfaßten
Temperaturwerte zu denen des Abend- (jeweils 21 Uhr-Termin des Vortages) und des
Mittagstermins (14 Uhr) von Lüdenscheid und dem Kahlen Asten in Beziehung gesetzt und
die Korrelationskoeffizienten dazu ausgerechnet.

Das Ergebnis dieser Analyse zeigt Tabelle 11.

Tabelle 11: Korrelationen der Lufttemperaturen zwischen den Werten der Klimastationen
Kahler Asten/Lüdenscheid und den höhenlagenäquivalenten Werten
der Radiosondenstationen Köln und Hannover

Vergleichsorte	Auswertung	n	Korr. Koeff.	Sig. niv.
1 Köln-Hannover	Radiosonde, 840 m, 0 Uhr	10	+ 0,9736	0,1 %
2 Köln-Hannover	Radiosonde, 840 m, 12 Uhr	10	+ 0,9556	0,1 %
3 Köln-Hannover	Radiosonde, 440 m, 0 Uhr	10	+ 0,5676	10,0 %
4 Köln-Hannover	Radiosonde, 440 m, 12 Uhr	10	+ 0,7042	1,0 %
5 Köln-Kahler Asten	Radiosonde, 840 m, 0 Uhr mit Klimastation 21 Uhr des Vortages	10	+ 0,7197	5,0 %
6 Köln-Kahler Asten	Radiosonde, 840 m, 12 Uhr mit Klimastation 14 Uhr	10	+ 0,8566	0,1 %
7 Hannover-Kahler Asten	Radiosonde, 840 m, 0 Uhr mit Klimastation 21 Uhr des Vortages	10	+ 0,8173	1,0 %
8 Hannover-Kahler Asten	Radiosonde, 840 m, 12 Uhr mit Klimastation 14 Uhr	10	+ 0,9374	0,1 %
9 Köln-Lüdenscheid	Radiosonde, 440 m, 0 Uhr mit Klimastation 21 Uhr des Vortages	10	+ 0,8103	0,1 %
10 Köln-Lüdenscheid	Radiosonde, 440 m, 12 Uhr mit Klimastation 14 Uhr	10	+ 0,7983	1,0 %
11 Hannover-Lüdenscheid	Radiosonde, 440 m, 0 Uhr mit Klimastation 21 Uhr des Vortages	10	+ 0,6872	5,0 %
12 Hannover-Lüdenscheid	Radiosonde, 440 m, 12 Uhr mit Klimastation 14 Uhr	10	+ 0,7317	1,0 %

Ohne auf die durch den unterschiedlichen Zeitpunkt der Meßwerterfassung auftretende
Fehlergröße näher eingehen zu wollen, lassen sich für eine in diesem Zusammenhang
interessierende allgemeine Betrachtungsweise folgende Ergebnisse herausarbeiten:

1. Ein Vergleich der Temperaturen zwischen beiden Radiosondenstationen ergibt für die
   Höhenlage 840 m ü. NN. (wurde als Rechengrundlage für die Höhe des Kahlen Asten
   zugrundegelegt) sowohl zum 0 Uhr-Termin (Reihe 1) als auch zum 12 Uhr-Termin
   (Reihe 2) eine relativ hohe Korrelation mit einer geringen Irrtumswahrscheinlichkeit.

2. Für die Höhenlage 440 m (wurde als Rechengrundlage für die Höhe der Station Lüdenscheid zugrundegelegt) liegt zwischen den Temperaturwerten beider Radiosondenstationen sowohl zum 0 Uhr-Termin (Reihe 3) als auch zum 12 Uhr-Termin (Reihe 4) nur eine niedrige Korrelation mit einer höheren Irrtumswahrscheinlichkeit vor.

3. Ein Vergleich der Werte, die an den Radiosondenstationen in den Höhenlagen 840 m und 440 m erfaßt wurden, mit denen, die man an den Klimastationen Kahler Asten und Lüdenscheid registrierte, ergibt folgendes Bild:

   Für den 12 Uhr-Termin läßt sich zwischen den Werten der Stationen Köln und des Kahlen Asten (Reihe 6) und zwischen denen von Hannover und denen des Kahlen Asten (Reihe 8) eine relativ hohe Korrelation mit einer geringen Irrtumswahrscheinlichkeit feststellen. Für den 0 Uhr-Termin hingegen (Reihen 5 und 7) zeigen die verglichenen Werte nur eine relativ geringe Korrelation und eine höhere Irrtumswahrscheinlichkeit.

4. Ebenfalls niedrigere Korrelationen treten sowohl für die Höhe 440 m zwischen Köln und Lüdenscheid (Reihen 9 und 10) als auch zwischen Hannover und Lüdenscheid (Reihen 11 und 12) auf. Der Wert des letztgenannten Vergleichspaares liegt dabei jedoch noch deutlich unter dem des erstgenannten.

   Aus den Vergleichen der Lufttemperaturen in den entsprechenden Höhenlagen läßt sich erkennen, daß die größte und gesichertste Übereinstimmung der Meßwerte für die Höhe 840 m vorliegt. Das würde bedeuten, daß die Temperaturen im Bereich dieses Höhenniveaus weitflächig ähnlich und somit vergleichbar für die Zeit der Inversionswetterlage sind.
   Diese relativ große Übereinstimmung wurde für die Höhenlage 440 m nicht erreicht, obwohl festgestellt werden kann, daß die Korrelationen der Temperaturwerte des Vergleichspaares Köln - Lüdenscheid mit einem Korrelationskoeffizienten $r = 0,81$ bzw. $r = 0,80$ höher sind als die für Hannover - Lüdenscheid mit einem Korrelationskoeffizienten $r = 0,69$ bzw. $0,73$.

   Daß insgesamt eine schwächere und ungesichertere Korrelation vorliegt als vergleichsweise zur Höhenlage des Kahlen Asten, mag möglicherweise daran liegen, daß sich die durch die unterschiedliche Geländeform bedingten Temperaturunterschiede bis in dieses Höhenniveau durchpausten und somit für unterschiedliche Temperaturen sorgten.
   Daß jedoch die Korrelation zwischen Köln - Lüdenscheid andererseits höher ist als die zwischen Hannover - Lüdenscheid, muß wohl auf die geringere Entfernung zwischen den Stationen zurückgeführt werden, die im Falle Köln - Lüdenscheid ca. 50 km (Luftlinie), im Falle Hannover - Lüdenscheid jedoch 200 km (Luftlinie) beträgt.

   Zusammenfassend läßt sich anhand der Temperaturvergleiche feststellen, daß von einem weitflächigen Vorherrschen der durch Absinkvorgänge dynamisch erwärmten Warmluft in der Höhenlage von 840 m für den Raum Köln - Kahler Asten - Hannover ausgegangen werden kann. Darüber hinaus dürfte für die Höhenlage 440 m bei niedrigeren Korrelationskoeffizienten von einer weniger abgesicherten weitflächigen Verbreitung gleicher Temperaturverhältnisse in o.g. Raum auszugehen sein.

6.5 Anwendung der Beobachtungsergebnisse zur Abgrenzung potentieller Erholungsgebiete

Die Auswertung der Klimaelemente für die Sauerlandstationen während der Inversionswetterlage ergab deutlich eine höhenlagenabhängige Zweiteilung im Witterungscharakter des Sauerlandes:

Die im Vergleich zum Kahlen Asten und zur Station Lüdenscheid in den Tieflagen befindlichen Stationen Essen, Iserlohn, Arnsberg, Eslohe und Altenhundem wurden in ihrem Witterungscharakter während der Inversionswetterlage durch die stagnierende neblige bodennahe Kaltluft geprägt.

Tageszeitlich bedingte Änderungen des Temperaturverlaufes an den Tieflandstationen ließen das partielle Auflösen der Kaltluftschicht bei einsetzender Konvektion unter Sichtverbesserung zum Mittagstermin deutlich werden. Hierauf weisen die relativ großen unterschiedlich stark ausgeprägten Temperaturamplituden hin.

Im Gegensatz dazu zeichnete sich an den Stationen Lüdenscheid und dem Kahlen Asten der Einfluß der absinkenden, sich dynamisch erwärmenden Höhenluft durch vergleichsweise hohe Lufttemperatur - und geringe Luftfeuchtewerte bei klarer Sicht ab. An beiden Stationen konnten darüber hinaus die Inversionsgrenzen relativ genau anhand der Abschätzung der Lage der Dunstobergrenzen ermittelt werden.

Während in Lüdenscheid die Kaltluftobergrenze bei ca. 440 m ü. NN. lag, konnte aufgrund der Montberichte des Kahlen Astens in diesem Gebiet eine Obergrenzenlage von ca. 600 m ü. NN. nachgewiesen werden.

Die Witterung der in fast gleicher Höhenlage zu Lüdenscheid (444 m) gelegenen Station Brilon (475 m) auf der Briloner Hochfläche im östlichen Sauerland wurde zum überwiegenden Teil der Inversionswetterlage nicht durch die warme Höhenluft geprägt, sondern von der in den unteren Luftschichten vorherrschenden Kaltluft bestimmt.

Während Lüdenscheid für den gesamten Verlauf der Smogperiode innerhalb des Warmlufteinflusses verblieb, wurden in Brilon allenfalls zum Mittagstermin höhere Temperaturen mit zunehmender Sichtbesserung beobachtet. Die Ursache für die im Vergleich zu Lüdenscheid relativ niedrigen Temperaturen zum Abend- und Morgentermin läßt auf eine ausstrahlungsbedingte Ansammlung von Kaltluft schließen, die aufgrund der orographischen Situation der Hochfläche an einen Abfluß in tieferliegende Gebiete gehindert wurde.[1]

An der Klimastation Lüdenscheid dagegen kam es aufgrund der Randlage einer Talmulde nicht zu einer Kaltluftseebildung; wegen des relativ bewegten Reliefs konnte ein Abfluß in die tiefergelegenen Geländeteile erfolgen.[2]

Bei einer vergleichbaren, jedoch wesentlich länger dauernden Hochdrucklage im Februar 1959 (117) traten zwischen beiden Stationen ähnlich deutliche Temperaturunterschiede auf. Während das Tagesmittel der Lufttemperatur am 14.2.1959 für Lüdenscheid 5,4° C betrug, wurden in Brilon nur 1,2° C erreicht.

Ein weiterer Hinweis zur in dieser Hinsicht klimabegünstigten Lage Lüdenscheids läßt sich ferner der Karte über die "Durchschnittliche Lage der Obergrenze des Talnebels sowie der Untergrenze des Hochnebels" (109) entnehmen. Hiernach liegt Lüdenscheid bevorzugt im Bereich der "nebelarmen Hangzone", während Brilon aufgrund seiner topo-

---

1) Bei einer Höhenlage der Briloner Hochfläche von 450-480 m ü. NN. verhindern insbesondere die im Süden und Südwesten liegenden Hochflächenränder zwischen 500-550 m ü. NN. einen Kaltluftabfluß in das tiefgelegene Ruhrtal (320-340 m ü. NN.).
2) Die Taltiefen von Volme, Elspe und Verse liegen mit 280-320 m ü. NN. deutlich unterhalb der Klimastation (444 m ü. NN.), so daß die sich bildende Kaltluft ungehindert abfließen kann.

graphischen Lage zum Bereich des Hochnebels gehört, der besonders begünstigt bei
windschwachen Antizyklonallagen entsteht (vgl. hierzu auch GIEDINGHAGEN in
HOSTERT (55)).

Diese Ergebnisse sollen noch dadurch erhärtet werden, daß die zehntägigen Mittelwerte der Lufttemperaturen für die Zeit vom 1. bis 10. Dezember der Periode 1951 -
1970 mit denen des Dezember 1962 anhand zweier Temperatur-Höhenkurven verglichen
werden, deren Angaben die Werte der einzelnen Klimastationen des Sauerlandes repräsentieren.

Dem Verlauf beider Temperaturkurven in Abbildung 36 (siehe S. 79) läßt sich entnehmen, daß die tiefgelegenen Stationen während der Inversionswetterlage wesentlich
niedrigere Temperaturen aufwiesen als es nach dem langjährigen Mittel zu erwarten
gewesen wäre.

Mit ähnlich niedrigen Werten, wie sie an den Tieflandstationen gemessen wurden, heben
sich die Temperaturen der Station Brilon zum fast höhengleichen Lüdenscheid ab,
während hier und auf dem Kahlen Asten höhere Mitteltemperaturen im Verlauf der Smogperiode vorherrschen, als es dem langjährigen Mittel entspricht.

Faßt man die sich durch den Temperaturverlauf beider Kurven ergebenden Schnittpunkte
als Inversionsgrenzen auf, so lassen sich auch anhand dieser Darstellung die bereits
diskutierten Sperrschichten in der Höhenlage von Lüdenscheid bzw. unterhalb des
Kahlen Astens erkennen.

Diese von SCHULZ(117) angewandte Darstellung, mit der er u.a. während der Hochdrucklage im Februar 1959 die Höhenlage von Inversionsgrenzen in den Mittelgebirgen festlegte, mag als "problematisch" erscheinen; ich teile jedoch die Auffassung des Verfassers, daß hierdurch eine Untermauerung und Stützung bereits vorliegender Ergebnisse
erfolgen kann.

Bei den hier mehrfach auftretenden Schnittpunkten handelt es sich jedoch m.E. nicht
um eine "mehrschalige Inversion" im Sinne von SCHULZ - deren eventuelles Vorhandensein allerdings aufgrund des fehlenden Datenmaterials der in Frage kommenden Höhenlagen nicht überprüft werden konnte - sondern um eine mehr oder weniger einheitliche
Sperrschichtgrenze, wie sie zu den Mittagsterminen auch an den Radiosondenstationen
Köln und Hannover nachgewiesen wurde.

Die unterhalb der Inversionsgrenze lagernde Kaltluft nahm in den Beckenlandschaften
wie z.B. der Kölner Bucht Mächtigkeiten von bis zu 300 m an, während sie mit zunehmender Höhe im Sauerland (Lüdenscheid) geringmächtiger wurde und im östlichen Teil
des Untersuchungsgebietes bei einer Dicke von 100 - 150 m (Brilon) flach auskeilte.

Hierauf wies auch schon SCHULZ (117) im Rahmen seiner Untersuchungen zur Hochdrucklage im Februar 1959 hin.

Neben den großräumig auftretenden Unterschieden in der Höhenlage der Inversionsgrenzen ließen sich auch während dieser Wetterlage kleinräumig ablaufende Veränderungen der Nebelobergrenze beobachten, die bei einer Kartierung potentieller Erholungsgebiete berücksichtigt werden müssen.

Einstrahlungsbedingte tagesperiodische Schwankungen in der Höhenlage der Inversionsgrenzen (für die Umgebung Lüdenscheids durch die Beobachtungen von GIEDINGHAGEN bestätigt) werden zumeist noch überlagert durch ein "wellenartiges Schwingen" (117, S. 8)
der Kaltluftobergrenze, was insbesondere an den Hanglagen zu deutlichen Temperaturschwankungen führt (20; 29). Die Ursache für diese als "Nebelkampfzone" zu bezeichnende vertikale Schwankungsbreite der Höhenlage der bodennahen Kaltluft, die die
dunst- und nebelerfüllten Täler wie "ein wogendes Meer" (10) erfüllt, kann einerseits durch den unterschiedlich stark erfolgenden Absink- und Abgleitprozeß der Warmluft
verursacht sein, andererseits sorgen an der als Strahlungsreferenzfläche zu bezeichnenden Dunstobergrenze durch erhöhte Ein- und Ausstrahlungsbedingungen entstehende Ver-

dunstungs- und Kondensationsprozesse für eine ständige Auf- und Abwärtsbewegung einzelner Nebelfetzen.

Darüber hinaus läßt sich während solcher Wetterlagen, die durch lokale Veränderungen der Orographie bzw. des Bodens in starkem Maße beeinflußt werden, ein "deutlich ausgeprägtes Bergwindsystem" (117, S. 8) beobachten, das insbesondere in den Abendstunden einsetzt und im Verlauf der Nacht eine Verlagerung der Kaltluftobergrenze bewirken kann.

In diesem Zusammenhang werden auch noch Schwankungen der Obergrenze durch die vom Boden ausgehende, nächtliche Kaltluftproduktion verursacht. Denn wie die Untersuchungen von KING (63) und KLÜPPEL (65) gezeigt haben, sorgen die verschiedenen Faktoren (wie z.B. die Hangneigung, das Talgefälle, der Bewuchs und die Abflußmöglichkeit) für eine mehr oder weniger stark einsetzende Regeneration der Kaltluft, was sich besonders an den Hanglagen durch veränderten Nebelreichtum ("Nebel-Kampfzone") während solcher Wetterlagen bemerkbar macht.

Abb. 36 Temperatur-Höhenkurve für das Sauerland

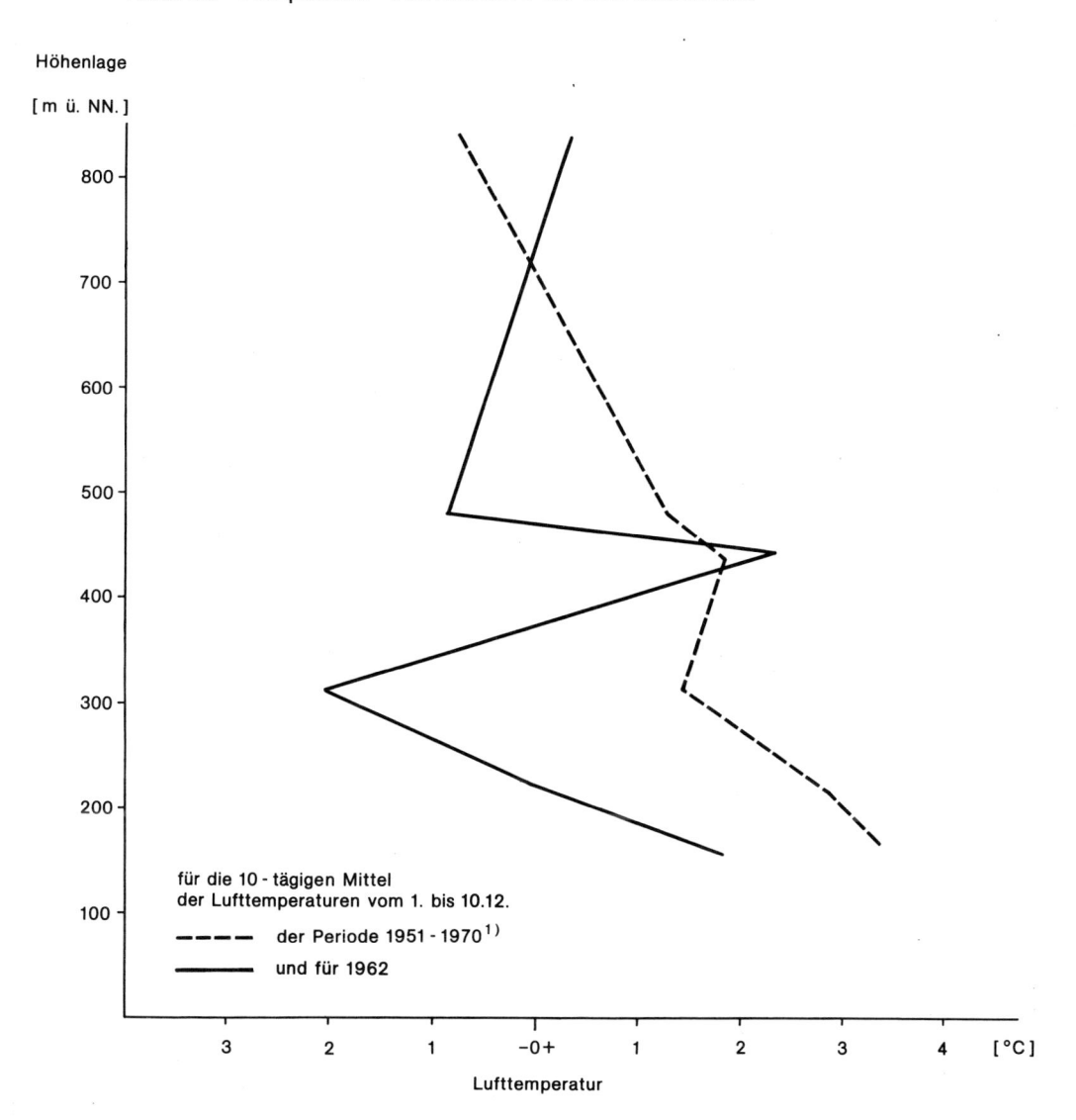

für die 10-tägigen Mittel
der Lufttemperaturen vom 1. bis 10.12.
---- der Periode 1951-1970[1]
—— und für 1962

[1] Für den Kahlen Asten wurde die Periode von 1931-1960 zugrunde gelegt.

6.5.1 Auswertung eigener Meßergebnisse bzw. Meßfahrten

Während im letzten Kapitel anhand der Auswertung der Inversions- und Smogwetterlage vom Dezember 1962 eine Festlegung von Höhenlagen der Kaltluftobergrenze im Hinblick auf eine Abgrenzung potentieller Erholungsgebiete erfolgte, soll nunmehr im Rahmen eigener Untersuchungen dieses Ergebnis daraufhin untersucht werden, ob die oben gemachten Aussagen auch für weniger extreme austauscharme Wettersituationen zutreffen, die häufiger auftreten.

Zur Lösung dieses Problems wurden zwischen Dezember 1976 und dem Frühjahr 1978 eigene Messungen im Sauerland durchgeführt.

Für die kontinuierliche Erfassung von Temperatur- und Luftfeuchtewerten wurden an verschiedenen Standorten in unterschiedlichen Höhenlagen im Sauerland Thermohygrographenstationen für den Beobachtungszeitraum Dezember 1976 bis April 1978 eingerichtet.[1]
Die Lage der Stationen zeigt die Abbildung 37 (siehe S. 81).

Hierdurch sollte ein Vergleich der kontinuierlich aufgezeichneten Werte besonders im Hinblick auf eine Analyse von längerdauernden Inversionswetterlagen ermöglicht werden, um damit sowohl zu einer vertikalen als auch horizontalen Abschätzung der Sperrschichtgrenzen zu gelangen.

Darüber hinaus wurden im Rahmen von Meßfahrten, die zum überwiegenden Teil bei austauschbehinderten Wettersituationen durchgeführt wurden, Untersuchungen zur Feststellung der Luftgüte mit Schwefeldioxid als Indikator[2] gemacht.

Im Laufe des 17monatigen Beobachtungszeitraumes gab es weder starke Smogperioden im Ruhrgebiet noch längerdauernde austauscharme Wetterlagen, die hätten analysiert werden können.
Es gelangten somit nur kurzfristige, schwächer in Erscheinung tretende Inversionswetterlagen zur Auswertung, die anhand der nachfolgenden Beispiele erörtert werden sollen. Hierbei handelt es sich um folgende Termine:

1. 22./23. 12. 1976
2.   5. 1. 1977
3. 18. - 21. 12. 1977
4. 18. 2. 1978

---

[1] Standorte der Thermohygrographenstationen:

Witten - Wartenberg	230 m ü. NN.
Oeventrop (Arnsberg)	235 m ü. NN.
Nachrodt - Wiblingwerde (1)	380 m ü. NN.
Lattenberg (Oeventrop)	400 m ü. NN.
Nachrodt - Wiblingwerde (2)	450 m ü. NN.
Homert	500 m ü. NN.
Berlar	510 m ü. NN.
Nordhelle (Ebbegebirge)	635 m ü. NN.
Wasserfall	770 m ü. NN.

    Kontrollmessungen und Geräteüberprüfungen erfolgten in wöchentlichen bzw. 14tägigen Abständen.

[2] Gemessen wurde mit einem transportablen SO_2-Nachweisgerät ("STRATMANN - KOFFER"), das mir freundlicherweise von der Landesanstalt für Immissionsschutz (LIS), Essen, zur Verfügung gestellt wurde.

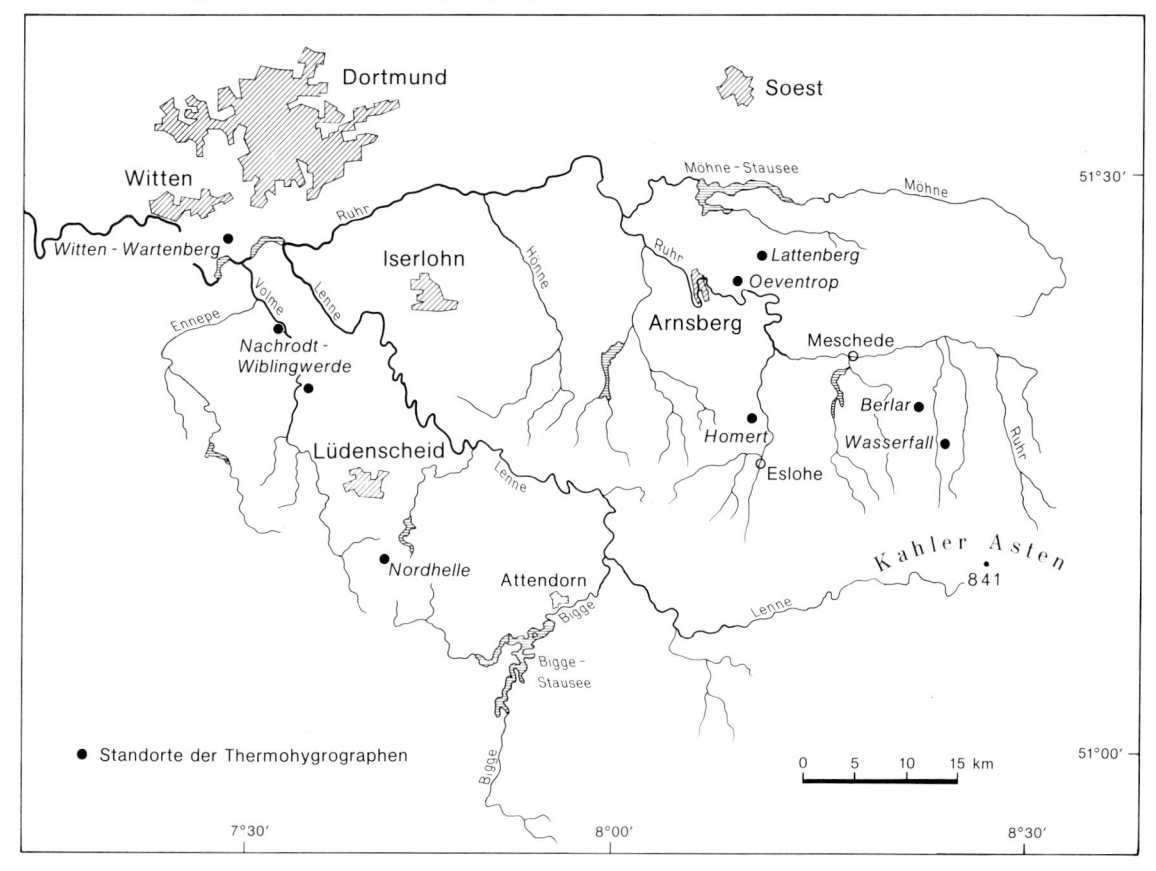

Abb. 37 Lage der Thermohygrographenstationen im Sauerland

6.5.1.1 Auswertung der Ergebnisse vom 22./23.12.1976

Kräftiger Luftdruckanstieg über Mitteleuorpa sorgte im Laufe des 22.12.1976 für die Ausbildung einer sich vom Atlantik bis Osteuropa hin erstreckenden Hochdrucklage (SW-Lage nach HESS & BREZOWSKI (52)), die bei schwachen Luftbewegungen aus überwiegend südlichen bis südöstlichen Richtungen Nebel und Dunst in den Niederungen auftreten ließ.[1]

Die zu diesen Terminen mit Hilfe der Radiosonde Essen ermittelte Höhenlage der Inversionsgrenzen bewegte sich um 280 m ü. NN. und wies bei nur geringer Schichtdicke von 130 m eine relativ starke Temperaturdifferenz zwischen Unter- und Obergrenze auf ($\gamma = -4$ K/100 m).

Windschwäche und bodennahe vertikale Austauscharmut ließen insbesondere im westlichen Ruhrgebiet am 22.12.1976 einen Anstieg der Schwefeldioxid-Immissionen auf kurzzeitig bis zu 1 mg/m^3 zu. Im Verlauf des Hochdruckeinflusses stellte sich auch für die Höhenlagen im Sauerland eine gegenüber den Tallagen auftretende Steigerung der Lufttemperaturen ein. Während diese nämlich zum Mittagstermin in Essen, Arnsberg, Brilon, Altenhundem, Eslohe und Iserlohn zwischen -0,2° C (Arnsberg) und 2,3° C (Altenhundem) lagen,

---

1) Nach den BERLINER WETTERKARTEN für die jeweiligen Termine.

erreichten sie auf dem Kahlen Asten 2,6° C und in Lüdenscheid sogar 4,7° C.
Darüber hinaus zeigten die Auswertungen der Meßergebnisse der Thermohygrographenstationen für die 400 m ü. NN. nördlich des Ruhrtales bei Arnsberg gelegene Station Lattenberg eine Lufttemperatur von 2,5° C, für die 170 Höhenmeter tiefer im Ruhrtal gelegene Station Oeventrop 2,0° C.

Zusätzlich fällt auch bei einem Vergleich der Tagestemperaturamplituden für den 23.12.1976 der höhere Wert der Talstation von 8° bei einem Minimum von -6° C (23 Uhr) und einem Maximum von 2° C (14 Uhr) gegenüber einer Amplitude von 5°, einem Minimum von -3° C (24 Uhr) und einem Maximum von ebenfalls 2° C an der Station Lattenberg auf.

Der in den Abend- bzw. frühen Morgenstunden einsetzende Kaltluftabfluß in die Niederungen und Täler, der auch für eine Verlagerung der Inversionsgrenze sorgte, zeigte sich an der Station Oeventrop in dem häufigen Schwanken der Temperaturregistrierungen von bis zu 0,5° während eines Zeitraumes von ca. zwei Stunden.

Diese relativ schwache Inversionswetterlage wurde am darauffolgenden Tag, dem 24.12.1976, durch Auffrischen des Windes aus Süd beendet.

6.5.1.2 Auswertung der Ergebnisse vom 5.1.1977

In der Zeit vom 3. bis 6.1.1977 hatte sich eine Hochdruckbrücke über Mitteleuropa gebildet (BM-Lage), die sich von Südrußland bis zur Biskaya erstreckte und bei nur schwacher Windbewegung an den SO_2-Meßstationen im Belastungsraum "Westliches Ruhrgebiet" (mit den Schwerpunkten Oberhausen und Bottrop) für kurze Zeit Schwefeldioxid-Konzentrationen von bis zu 1 mg/m^3 entstehen ließ.

An diesem Tag traten zum 12 Uhr GMT-Termin über Essen zwei relativ schwache Inversionen in Höhenlagen zwischen 230 m ü. NN. und 340 m ü. NN. (γ = -2,2 K/100 m) und zwischen 450 m ü. NN. und 1.200 m ü. NN. (γ = -0,3 K/100 m) auf.

Eine an diesem Tag durchgeführte Meßfahrt zur Feststellung der Höhe der SO_2-Immissionskonzentrationen in den Tallagen des Sauerlandes ergab für das Lennetal schwach erhöhte Werte von 0,14 mg/m^3 (Letmathe, 14 Uhr), 0,15 mg/m^3 (Altena, 14.30 Uhr) und 0,12 mg/m^3 (Werdohl, 15 Uhr), während auf den umgebenden Höhen (350 - 400 m ü. NN.) keine bzw. eine sich unterhalb der Nachweisgrenze bewegende Immissionsbelastung dieses Schadstoffes vorlag.

Temperaturvergleiche, die für diesen Raum in Abhängigkeit von der Höhenlage durchgeführt wurden, lassen die Inversionssituation deutlich werden. Während in den Tallagen bei diesigem, nebligem Wetter eine Sicht zwischen 3 - 5 km herrschte und Temperaturen zwischen -2° C und -1° C (11 - 12 Uhr) gemessen wurden, stiegen ab ca. 400 m ü. NN. bei guter Sicht die Temperaturwerte auf bis zu 9° C (12 - 13 Uhr) an.[1]

Diese ebenfalls schwach ausgebildete und nur einen Tag bestehende Inversionswetterlage löste sich am 6.1.1977 wieder auf.

---

1) Diese Werten wurden mir von einer Meßfahrt, die der TÜV Rheinland, Essen, durchführen ließ, zur Verfügung gestellt.

6.5.1.3 Auswertung der Ergebnisse vom 18.12. bis 21.12.1977

Die vom 18. bis 21.12.1977 für Mitteleuropa wetterbestimmende antizyklonale Südlage (SA-Lage) verursachte bei nur schwacher Windbewegung (Tagesmittel der Windstärke in Essen am 21.12.1977 < 2 Beaufort) einen Anstieg der Schwefeldioxidkonzentrationen besonders im westlichen Ruhrgebiet.

So erreichte z.B. an der Luftgüteüberwachungsstation in Oberhausen innerhalb dieses Zeitraumes die Belastung durch die SO_2-Immissionen im Mittel zwar nicht mehr als 0,4 mg/m³, jedoch konnte am 19.12.1977 als kurzzeitiger Tageshöchstwert eine Konzentration von 0,6 mg/m³ festgestellt werden.[1]

Während dieser Zeit wurden mit Hilfe der Essener Radiosonde Inversionen in folgenden Höhenlagen nachgewiesen:

	18.12.	19.12.	20.12.	21.12.
Inversions-Untergrenze:	380 m	390 m	Boden	490 m
Inversions-Obergrenze:	450 m	670 m	500 m	530 m
γ :	-5,1 K	-0,8 K	-0,3 K	-8,8 K

Zur Beobachtung und Auswertung der besonders starken Inversion am 21.12.1977 wurden eigene Messungen im Sauerland durchgeführt.

Während dieser Meßfahrt wurden insbesondere Lufttemperaturmessungen in Abhängigkeit der talbegleitenden Höhenlagen vorgenommen. An einigen Haltepunkten wurde darüber hinaus die Luftfeuchte bestimmt.[2]

Die sich im Verlauf der Meßfahrt ergebenden Temperaturverteilungen im Lennetal und auf den angrenzenden Höhen sind in Tabelle 12 (siehe S. 84) zusammengefaßt.

Auch bei dieser Meßfahrt bestätigte sich der orographisch bedingte Unterschied zwischen den kaltlufterfüllten Tallagen (z.B. Altena und Werdohl) und den über Dunst und Nebel liegenden relativ wärmeren Höhenlagen oberhalb ca. 350 m ü. NN. (z.B. Wilhelmshöhe und Kohlberg) während der Inversionswetterlage.

---

[1] Die Meßwerte sind entnommen dem "Monatsbericht über die Luftqualität an Rhein und Ruhr" (75).

[2] Gemessen wurde mit zwei ASSMANNschen ASPIRATIONSPSYCHROMETERN; als jeweils definitiver Wert wurde der sich aus zwei Messungen ergebende Mittelwert verwendet; dabei lag die Differenz zwischen beiden Psychrometern bei ± 0,5°.

Tabelle 12: Ergebnisse der Meßfahrt am 21.12.1977

Zeit	Ort	Höhenlage in m ü. NN.	Lufttemperatur in °C	Luftfeuchtigkeit in %
10^{25}	Rennerde	350	2,7	
10^{35}	Altena, Stadtrand	160	0,5	
10^{40}	Altena, Bahnhof	160	0,8	80
10^{50}	Altena, Bahnübergang	160	-1,0	
10^{59}	Elverlingsen	165	-2,6	
11^{02}	Dresel	175	-2,8	
11^{05}	Werdohl	180	-1,1	95
11^{10}	Werdohl	230	1,0	
11^{34}	Wilhelmshöhe	360	5,0	
11^{38}	Kohlberg	514	4,0	50
12^{21}	Plettenberg	200	0,1	
12^{31}	Pasel	220	0,4	
12^{39}	Wilde Wiese	550	4,4	
13^{05}	Rönkhausen	230	1,1	80
13^{09}	Lenhausen	235	1,4	
13^{13}	Finnentrop	237	0,5	
13^{17}	Bamenohl	240	0,8	
13^{20}	Grevenbrück	255	0,3	
13^{35}	Kickenbach	285	5,6	60
13^{49}	Schmallenberg	370	4,6	
14^{00}	Kahler Asten	845	5,3	

6.5.1.4 Auswertung der Ergebnisse vom 18.2.1978

Bis zum 18.2.1978 herrschte über Mitteleuropa eine Hochdruckzone vor (HM-Lage), die aufgrund ihres schwach ausgebildeten Luftdruckgradienten für nur geringe Windgeschwindigkeiten in Bodennähe sorgte (0 - 0,5 m/s in Bottrop, Castrop-Rauxel und Dortmund).[1]

Die darüber hinaus noch zusätzlich ausgebildete, allerdings recht schwache Bodeninversion, deren Obergrenze über Essen in einer Höhe von 370 m ü. NN. lag, ließ die SO_2-Konzentrationen in den Städten Oberhausen und Essen auf 1 - 1,2 mg/m³ ansteigen (Halbstundenmittelwerte).

Doch wie schon der in Abbildung 38 dargestellte Verlauf der Immissionskonzentrationen zeigt, wurden diese Werte nur für kurze Zeit am 18.2.1978 erreicht. Das Hoch mit Kern über Mitteleuropa zeichnete sich nämlich nicht durch eine mehrtägige Beständigkeit aus, was zu einem weiteren Anstieg der Schadstoffkonzentrationen hätte führen können, sondern schwächte sich bereits am 19.2.1978 unter ostwärtiger Verlagerung ab.

Im Sauerland konnte diese relativ schwache und insbesondere windarme Inversionswetterlage anhand der Temperaturunterschiede zwischen den einzelnen Höhenlagen nicht nachgewiesen werden.

---

1) Angaben nach "Monatsbericht über die Luftqualität an Rhein und Ruhr" (76).

Abb. 38 Tagesmittel- und Tageshöchstwerte an Schwefeldioxid
in Oberhausen und Essen für die Zeit vom 10. 2. bis 25. 2. 1978

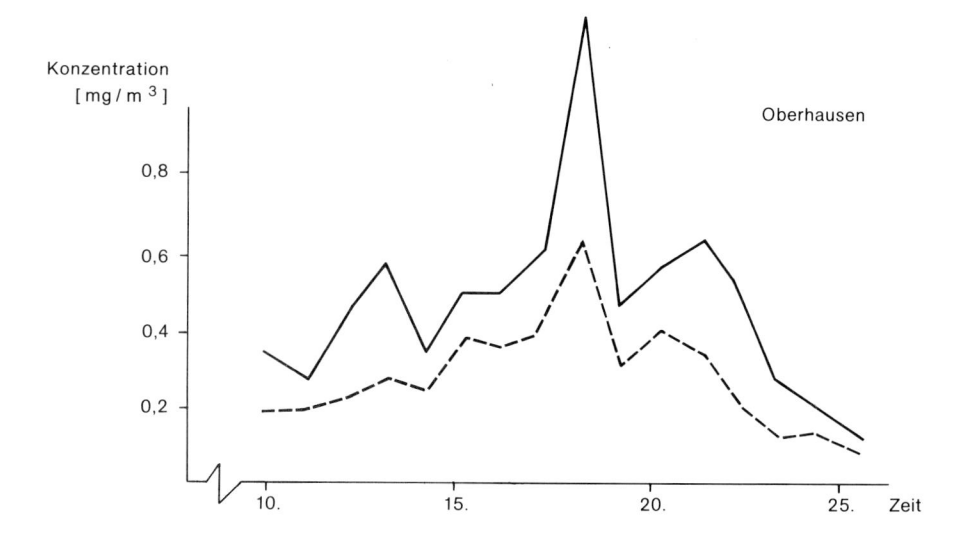

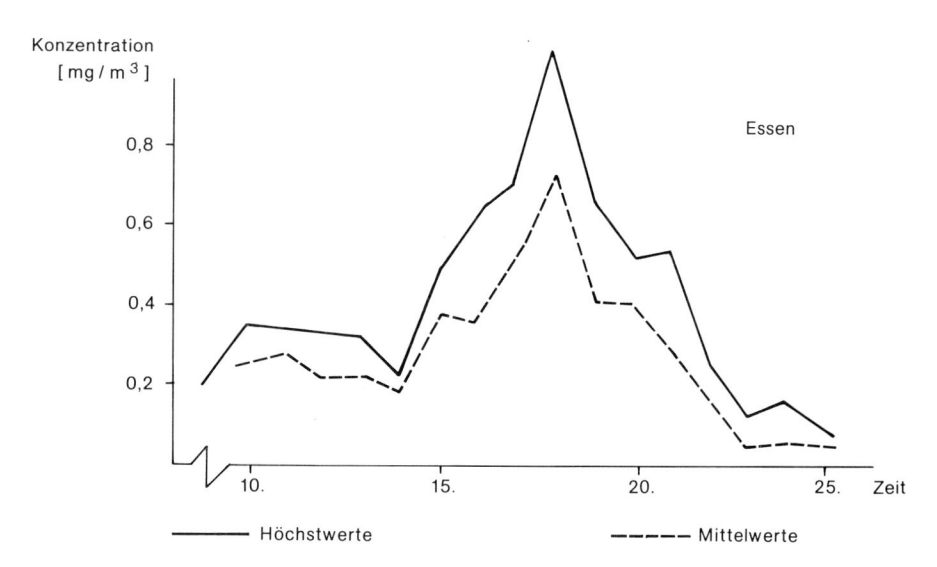

——— Höchstwerte   ----- Mittelwerte

Quelle: " Monatsbericht über die Luftqualität an Rhein und Ruhr " (76)

Zusammenfassend kann festgestellt werden, daß in Übereinstimmung mit den Ergebnissen, die bei der Analyse der Smogwetterlage im Dezember 1962 über die klimatische Begünstigung der oberhalb der Kaltluft liegenden Höhenlagen gewonnen wurden, auch bei kürzer dauernden, weniger stark ausgebildeten Inversions- bzw. austauscharmen Wetterlagen oberhalb einer Höhenlage von ca. 400 m ü. NN. im westlichen Sauerland eine Temperaturbegünstigung auftritt.

6.6 Potentielle Erholungsgebiete im Sauerland während gesundheitsgefährdender Wetterlagen im Ruhrgebiet

6.6.1 Lage

Mit Hilfe der in den letzten Kapiteln durchgeführten Abschätzung über die Höhenlage der Inversionsgrenzen im Sauerland während des Vorherrschens austauscharmer Wetterlagen lassen sich anhand dieser Ergebnisse diejenigen Gebiete kartieren, die dem Einfluß der bodennahen, z.T. nebligen Kaltluftbereiche dauernd entzogen sind (siehe Anhang).

Von den insgesamt zwölf kartierten größeren, möglichen Erholungsgebieten liegt der flächenmäßig größere Anteil im Bereich des Hochsauerlandes und der kleinere Flächenanteil im westlichen Sauerland.
Die ruhrgebietsnahen Erholungsgebiete sind dabei besonders interessant, weil sie schneller erreichbar sind.

Der besseren Übersicht wegen wurden die als potentielle Erholungsgebiete kartierten Flächen in Tabelle 13 zusammengestellt. Dabei wurden ergänzend Angaben über die jeweils kürzeste Erreichbarkeit auf Bundesstraßen bzw. Bundesautobahnen vom Ruhrgebiet aus hinzugefügt.

Der allein schon durch die Lage während gesundheitsgefährdender Wetterlagen bedingte hohe Erholungswert der ausgegliederten potentiellen Erholungsgebiete wird durch zwei weitere Faktoren noch gesteigert:

Einerseits dadurch, daß die kartierten Gebiete in unterschiedlichem Ausmaß an den verschiedenen Naturparks und Naturschutzgebieten mit ihren mannigfaltigen Freizeiteinrichtungen von Nordrhein-Westfalen teilhaben, andererseits durch den hier zumeist vorherrschenden immergrünen Nadelwald, der neben seiner auch im Winter erfolgenden O_2-Produktion darüber hinaus dem Erholungssuchenden den Aufenthalt in einem "grünen" Wald ermöglicht.

Tabelle 13: Potentielle Erholungsgebiete bei austauscharmen Wetterlagen

Nr. auf der Karte	Bezeichnung der Gebiete	Anmerkung zur Lage	Höchste Erhebungen in m ü. NN.		Erreichbar über Bundesstraße/ Bundesautobahn
1	KOHLBERG	im Lennegebirge	Kohlberg	(514)	B 236, B 229
2	BALVER WALD	" "		(546)	B 7, B 515
3	EBBEGEBIRGE	im Naturpark Ebbegebirge	Nordhelle	(663)	BAB Sauerlandlinie, A 45
4	BILSTEINER LAND	im Naturpark Ebbegebirge	Wollfahrt Hohe Bracht	(626) (584)	BAB Sauerlandlinie, B 54, B 517
5	WILDE WIESE/ HOMERT	im Naturpark Homert	Homert Schomberg	(656) (648)	B 54, B 517
6	SAALHAUSER BERGE	ostnordöstlich v. Altenhundem	Himberg Auergang	(685) (584)	BAB Sauerlandlinie, B 54, B 517
7	WARSTEINER STADTWALD	im Naturpark Arnsberger Wald	Nuttlar-Höhe Stimmstamm	(542) (540)	BAB Kassel, B 475 bzw. B 7, B 55
8	ROTHAARGEBIRGE	im Naturpark Rothaargebirge	Kahler Asten Nordhelle	(841) (775)	B 7, B 480
8.1	HUNAU	im Naturpark Rothaargebirge	Hunau	(818)	B 7, B 480
8.2	WINTERBERGER HOCHFLÄCHE	im Naturpark Rothaargebirge	Hohe Seite	(753)	B 7, B 480
9	UPLAND	im Naturpark Rothaargebirge/ Diemelsee	Ettelsberg	(838)	B 7, B 480
10	BRILONER STADTWALD	z.T. im Naturpark Diemelsee	Traiskopf	(781)	B 7, B 251

6.6.2 Erreichdauer der potentiellen Erholungsgebiete

Zur Orientierung über die Erreichdauer der potentiellen Erholungsgebiete vom Ruhrgebiet aus wurde eine Isochronenkarte angefertigt (siehe Anhang).

Als Ausgangspunkt für die Berechnung der Isochronen wurde das "Westhofener Kreuz" gewählt. Von hier aus lassen sich insbesondere über die Bundesautobahn Sauerlandlinie und die ins östliche und westliche Sauerland führenden Bundesstraßen der überwiegende Teil der Erholungsgebiete erreichen.

Als Berechnungsgrundlage für die jeweils für 15 Minuten Fahrtzeit gezeichneten Isochronen wurden die von KIEMSTEDT & THOM & HEINRICH (64, S. 89) genannten "Durchschnittsgeschwindigkeiten für den Individualverkehr" zugrunde gelegt.

Dabei wurde für die Kreis- und Landstraßen von einer durchschnittlichen Geschwindigkeit von 50 km/h und für die Bundesautobahnen von einer durchschnittlichen Geschwindigkeit von 90 km/h ausgegangen. In die Rechenwerte gingen "restriktive Bedingungen", die sich z.B. durch eine "hohe Verkehrsdichte" auf den Straßen ergeben können, nicht ein.

Aus der hier durchgeführten exemplarischen Kartierung wird deutlich, daß insbesondere die potentiellen Erholungsgebiete im Ebbegebirge in relativ kurzer Zeit zu erreichen sind, daß aber auch die Freiflächen im Rothaargebirge noch im Bereich der 2-Stundenisochrone liegen.

6.6.3 Bioklimatische Auswirkungen austauscharmer Wetterlagen auf potentielle Erholungsgebiete im Sauerland

Wenn in den vorangegangenen Kapiteln auf den schädigenden Einfluß hoher Immissionskonzentrationen auf das menschliche Wohlbefinden hingewiesen wurde, so soll nunmehr nach Festlegung der Lage der potentiellen Erholungsgebiete auf deren witterungsbedingte bioklimatische Vorzüge hingewiesen werden, die insbesondere von denjenigen Bevölkerungsgruppen in Anspruch genommen werden können, die an Atemwegs- und Herzerkrankungen leiden und somit gerade während solcher Wetterlagen in erhöhtem Maße sauberer, frischer Atemluft bedürfen.

Auf die Bedeutung dieser Höhenlagen wies schon 1959 UNDT (126, S. 170) im Rahmen seiner lufthygienischen Untersuchungen am Beispiel Wiens hin, wenn er schreibt, daß "an den Bioklimatiker immer wieder die Frage gestellt (werde), welche Orte außerhalb Wiens frei von solchen Inversionslagen sein können".

Über den direkten Einfluß "solcher Inversionslagen" bzw. Inversionsgrenzen auf das Auftreten von Erkrankungen arbeiteten BECKER, BENDER & PFEIFFER (in 1, S. 40). Die Verfasser konnten nämlich für die Station Königstein/Taunus anhand ihrer differenzierten Untersuchungen nachweisen, daß vermehrt dann mit einem Auftreten von Asthmaanfällen unter der Bevölkerung gerechnet werden mußte, wenn der Ort aufgrund der auf S. 78/79 beschriebenen Vertikalbewegungen der Inversionsgrenzen zeitweise in die neblige, durch Abgase und Staub verschmutzte Kaltluft eintauchte. Dieser mit den Vertikalbewegungen der Inversionsgrenzen in Zusammenhang gebrachte Krankheitsverlauf wird auf die Einwirkung des schädlichen "Luftcolloids" zurückgeführt. So sollte dann nach Meinung von AMELUNG (1, S. 41) ein "heilklimatischer Kurort" für Asthmatiker nicht nur arm an "Inversionsschichten" sein, sondern sich auch durch ein möglichst trockenes Klima auszeichnen.

Während BACMEISTER (in 117) in diesem Zusammenhang zu Recht darauf hinweist, daß zwar die Höhenlagen zwischen 200 m und 400 m im Mittelgebirge als wichtige Übergangsgrößen angesehen werden, diese aber im Winter während längerdauernder Antizyklonallagen noch im Bereich der Grundschicht, also unterhalb der Inversionsgrenzen liegen, herrscht nach AMELUNG (1, S. 36) ein Mittelgebirgsklima sogar erst dann vor, wenn die "Gebirgsorte durch die Gunst besonderer orographischer Verhältnisse sich über den Hochnebeldecken winterlicher Inversionslagen befinden".

Die Begünstigung dieser oberhalb der Inversion gelegenen Gebiete läßt sich anhand des in der Bioklimatologie verwendeten Ordnungsschemas, in dem die unter den thermischen, strahlungsabhängigen und luftchemischen Komplexen genannten Wirkgrößen (BECKER (5)) zusammengefaßt wind, analysieren. Unter Zugrundelegung dieser Punkte sollen nachfolgend die in "anthropobioklimatischem" Sinne (2, S. 674) höchst wirkungsvollen Gunstfaktoren für die Gebiete der potentiellen Erholungsflächen analysiert werden.

6.6.3.1 Der strahlungsabhängige Wirkungskomplex

Klarer Himmel und eine außergewöhnlich gute Fernsicht (Kahler Asten z.T. > 50 km) lieferten schon Anhaltspunkte dafür, daß die Strahlungsverhältnisse oberhalb der Inversion gegenüber jenen in den Tallagen wesentlich begünstigter waren.

Die größere Strahlungsintensität beruhte dabei einerseits auf der größeren Luftreinheit, andererseits aber auch auf der geringeren Luftfeuchtigkeit (1), deren Werte am 4.12.1962 auf dem Kahlen Asten z.B. weniger als 20% betrugen. Neben der höheren direkten Einstrahlung erfuhren darüber hinaus besonders die oberhalb der die Täler ausfüllenden Nebel- und Dunstdecken gelegenen Gebiete durch die zusätzliche Reflektion der Strahlung eine weitere Begünstigung. Nach SCHULZ (117, S. 16) ist somit während Inversionslagen "die Globalstrahlung (in den Gebirgen) um 150 bis 200% größer als in den nebel- und dunstreichen Niederungen".

Neben dieser quantitativen Begünstigung der Orte oberhalb der Inversionsgrenzen zeigt zusätzlich eine qualitative Analyse des Einstrahlungsdargebotes die Vorteile dieser Höhenlagen auf. Insbesondere in dem photobiologisch wirksamen und damit bioklimatisch anwendbaren Spektralbereich zwischen 315 nm und 400 nm (UV - A- und UV - B-Bereich) treten zwischen den Tief- und Hochlagen gerade bei o.g. Inversionswetterlagen verstärkt deutliche Unterschiede auf. So nennt LANDSBERG (78) in diesem Zusammenhang eine Strahlungsminderung durch das Vorhandensein von Luftverunreinigungen von bis zu 30% im UV-Bereich, während für BERG (9) aus dieser durch die Luftverunreinigung besonders in Ballungsgebieten vermindert auftretenden UV-Strahlung ein "biologisches Dunkel" resultiert.

In der Tat beeinflußt die in den potentiellen Erholungsgebieten verstärkt auftretende ultraviolette Strahlung eine Reihe wichtiger biochemischer Reaktionen, die in differenzierter Weise auf den menschlichen Organismus einwirken, wie nachfolgende Zusammenstellung (im wesentlichen nach BECKER (5)) verdeutlicht:

- Erhöhung des Grundumsatzes (also die photochemische Steigerung der Energieumsetzungen in der ruhenden Zelle), vermehrter Eiweißabbau

- Vertiefung der Atmung und damit eine verbesserte Sauerstoffausnutzung

- Blutdrucksenkung

- Anstieg der Erythrozytenzahl und des Hämoglobingehaltes

- Funktionssteigerung der Schilddrüse (bewirkt u.a. verstärkte enzymatische Stoffwechselsteigerung)

- Steigerung der Leistungsfähigkeit, geringere Anfälligkeit gegen Erkältungskrankheiten, Grippe usw.

6.6.3.2 Der luftchemische Wirkungskomplex

Neben den strahlungsmäßig begünstigten Verhältnissen der Höhenlagen oberhalb der Inversionsgrenzen läßt sich insbesondere nicht zuletzt auch für den "luftchemischen Wirkungskomplex" (109, S. 16) die günstige Lage der potentiellen Erholungsgebiete erkennen.

Wie schon mehrfach betont, führen die als Sperrschichten wirkenden Inversionsgrenzen als Folge eines unterbundenen Vertikalaustausches zu einer Schadstoffakkumulation in den unteren Luftschichten. Erwartungsgemäß werden dabei innerhalb und in der Nähe von Ballungszentren relativ hohe Immissionskonzentrationen erzielt, wie sie z.B. an den Stationen in Gelsenkirchen während der Smogperiode deutlich auftraten (vgl. S. 51). Doch nicht nur in den Großstädten herrscht dann eine verstärkte Akkumulation von Schadstoffen vor, sondern auch in den durchlüftungsärmeren Tälern der Mittelgebirge.

Ein eindrucksvolles Beispiel für die deutliche Konzentrationsveränderung von Staub und Kondensationskernen[1] durch das Vorherrschen von Inversionen zeigen die Untersuchungen von BECKER (in (2)) für den Südtaunus während einer Inversionswetterlage (siehe Abb. 39).

Während an der Erdoberfläche die Staubkonzentration von 40.000 Teilchen/Liter bis zur Untergrenze der zwischen 400 m und 500 m liegenden Inversion abfällt, kann bei den leichteren und kleineren Kondensationskernen ein gegenläufiges Verhalten erkannt werden: hier treten die geringsten Konzentrationen in der Nähe der Erdoberfläche auf; die höchsten dagegen unmittelbar an der Inversionsgrenze.

Abb. 39 Höhenverteilung von Staub und Kondensationskernen bei der Inversionslage am 9. 1. 1950 am Südtaunus

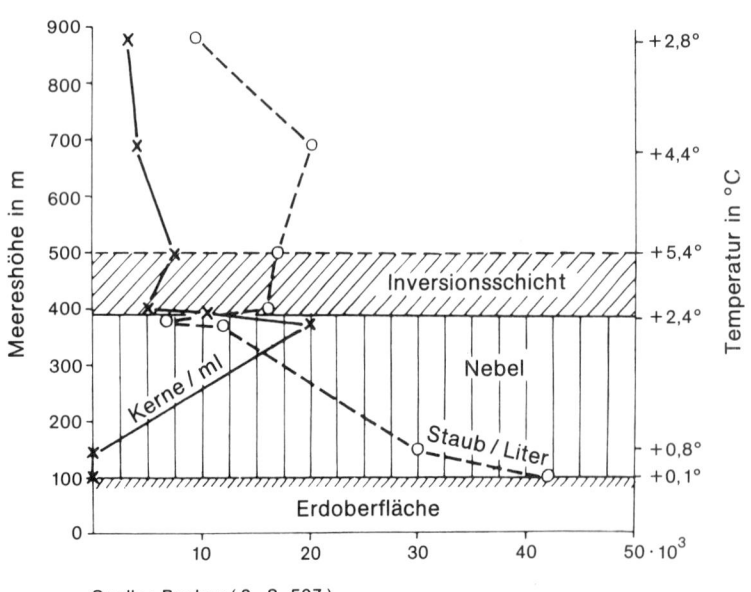

Quelle: Becker (2, S. 507)

---

1) Größe von Kondensationskernen und Staub nach SCHREIBER (116, S. 184).
   Kondensationskerne: 0,001 µm bis < 50 µm
   Staub   : > 50 µm

Durch die Sperrschicht selbst erfolgt eine Reduzierung der Kondensationskerne von
ca. 20.000/ml auf ca. 6.000/ml, während die Konzentration der Staubteilchen wieder
leicht ansteigt. Oberhalb der Inversionsschicht nähern sich die Gehalte beider
Schadstoffe dann der natürlichen Grundbelastungskonzentration.

Ausgehend von dieser Darstellung erscheint mir folgender Umstand insbesondere
im Hinblick auf die vertikale Schwankungsbreite der Nebel- bzw. Dunstdecke
("Nebel-Kampfzone") beachtenswert:

Während man anhand dieser Ergebnisse davon ausgehen kann, daß größere partikelförmige,
sedimentationsfähige Teilchen besonders in den bodennahen Luftschichten gehäuft anzutreffen sind, dürfte die extreme Häufung der leichteren Kondensationskerne unterhalb der Inversionsuntergrenze gerade bei einer Vertikalbewegung der Nebeldecke zu
einer unterschiedlichen lufthygienischen Belastung in diesem Bereich führen. Dies
umso mehr, da die Kondensationskerne aufgrund ihrer Größe als lungengängig anzusehen
sind.

Diese durch die verschiedensten, bereits diskutierten Ursachen auftretenden Schwankungen der Inversionsgrenze leiten an ihrer Obergrenze zu den Reinluftgebieten der
potentiellen Erholungsgebiete über, die aufgrund des "sauberen Luftaerosols und des
verringerten Dampfdrucks" zu einer Vertiefung der Atmung und somit für eine
"bessere Ventilation der Lungen sorgen" (2, S. 679).

6.6.3.3 Der thermische Wirkungskomplex

Da im Rahmen der Bioklimafaktoren neben der Höhe der Windgeschwindigkeit und der
Luftfeuchtigkeit auch dem Tagesgang der Lufttemperatur für das menschliche Wohlbefinden Bedeutung zukommt, soll anhand eines Temperaturvergleiches für die Zeit
des stärksten Auftretens der Inversionswetterlage am 4./5.12.1962 dieser Unterschied
verdeutlicht werden.

Als Vergleichsorte dienen der Kahle Asten, oberhalb der Inversionsgrenze gelegen, und
die Station Eslohe, unterhalb der Inversionsgrenze.

Während der Kahle Asten am 4.12.1962 z.B. zu den drei klimatologischen Terminen Lufttemperaturen von $3,5^\circ$ C (I), $5,5^\circ$ C (II) und $4,6^\circ$ C (III) aufwies, wurden in Eslohe
in einer Höhenlage von 300 m $-10,2^\circ$ C (I), $3,2^\circ$ C (II) und $-8,4^\circ$ C (III) registriert.

Die dabei auf dem Kahlen Asten gedämpfte Tagesschwankung der Lufttemperatur von nur
$2,0^\circ$C hob sich deutlich von der $13,4^\circ$C erreichenden Temperaturamplitude in Eslohe ab
und wirkte sich in bioklimatischer Hinsicht "thermisch schonend" (5) gegenüber dem
als "reizstark" anzusehenden Wert von Eslohe auf das menschliche Wohlbefinden aus.

Zusätzlich führten die im Vergleich zum Kahlen Asten (15 bzw. 29% rel. Luftfeuchte)[1]
und Lüdenscheid (19 bzw. 39% rel. Luftfeuchte) wesentlich höheren Luftfeuchtewerte,
die an den Tieflagenstationen zwischen 47% und 75% lagen, zu einem naßkalten Witterungsempfinden, das insbesondere dem Auftreten von Erkältungskrankheiten Vorschub leistet.

Einen häufig verwendeten Wert in bioklimatischen Analysen stellt die sog. "Abkühlungsgröße" dar, mit deren Hilfe der "Wärmeverlust des menschlichen Körpers" (93, S. 104)
bzw. das menschliche "Temperaturbefinden" (109) in Abhängigkeit von klimatologischen
Parametern wie z.B. der Höhe der Lufttemperaturen und der Windgeschwindigkeit festgestellt werden kann.

---

[1] Nach FLOHN (30, S. 134) dient "das Absinken der relativen Feuchtigkeit auf Bergstationen auf oder unter einen Schwellenwert von 60%" als Indikator für freien
Föhn.

Die größere Einflußnahme der Windgeschwindigkeit gegenüber der Lufttemperatur wird bei Verwendung der empirisch gefundenen Formel[1] deutlich.

Prinzipiell werden hohe Ergebniswerte (in mcal/cm^2 · sec) mit einem hohen Wärmeverlust des menschlichen Körpers in Zusammenhang gebracht, niedrige dagegen mit einem geringen Wärmeverlust.

Tabelle 14: Mittlere Abkühlungsgröße (A_H in mcal/cm^2 · sec) der Stationen Kahler Asten und Lüdenscheid für die Zeit vom 1. bis 10.12.1962 (Werte auf- und abgerundet)

	1.	2.	3.	4.	5.	6.	7.	8.	9.	10.
Kahler Asten	44	54	32	26	32	24	38	56	54	45
Lüdenscheid	34	35	18	17	17	18	23	35	50	37
ΔA_H	10	19	14	9	15	6	15	21	4	8

Die vorliegenden Berechnungen zur Abkühlungsgröße wurden für die oberhalb der Inversion liegenden Stationen Kahler Asten und Lüdenscheid durchgeführt um zu untersuchen, ob sich die Gunstlage beider Stationen in bioklimatischer Hinsicht noch weiter differenzieren läßt. In Tabelle 14 sind für beide Stationen die Mittelwerte der Abkühlungsgröße für die Zeit vom 1. bis 10.12.1962 eingetragen.

Die im Vergleich zu Lüdenscheid jeweils unterschiedlich erhöhten Werte auf dem Kahlen Asten, die Differenzen (ΔA_H) schwankten zwischen 4 und 21 mcal/cm^2 · sec, machen die von der Abkühlungsgröße her begünstigte Lage Lüdenscheids deutlich.
Im Hinblick auf eine bioklimatische Bewertung beider Orte kann hieraus für die in der Höhenlage von Lüdenscheid liegenden potentiellen Erholungsgebiete neben ihrer größeren räumlichen Nähe zu den Ballungszentren des Ruhrgebietes ferner auch eine geringere Abkühlungsgröße gegenüber den ruhrgebietsfernen Erholungsgebieten um den Kahlen Asten festgestellt werden.

Zusammenfassend kann anhand der dargelegten Beispiele zur bioklimatischen Charakterisierung von Erholungsgebieten im Sauerland während des Vorherrschens gesundheitsgefährdender Wetterlagen im Ruhrgebiet die deutliche Begünstigung der über der Inversion liegenden Höhenlagen erkannt werden.

Wenn nach Ansicht von FLOHN (31, S. 5) "die offenbar vorwiegend günstige direkte Wirkung des freien Föhns der winterlichen Hochdruckgebiete in den über der Inversion liegenden Höhenlagen ... noch eine mehr geographische Betrachtung (verdient)", so sollen hierzu die vorliegenden Untersuchungsergebnisse, dargestellt an Beispielen aus dem Ruhrgebiet und dem Sauerland, einen Beitrag geliefert haben.

---

[1] Formel zur Berechnung der Abkühlungsgröße (A_H):

$A_H = (0{,}105 + 0{,}485 \cdot v^{0,5}) \cdot (36{,}5 - t_L)$ für $v \geq 1$ m/s

$A_H = (0{,}205 + 0{,}385 \cdot v^{0,5}) \cdot (36{,}5 - t_L)$ für $v \leq 1$ m/s

v = Windgeschwindigkeit in m/s

t_L = Lufttemperatur in °C

7. Zusammenfassung der Ergebnisse

1. Die periodisch durch den Tages- und Jahresgang bestimmte Höhe der Immissionskonzentrationen kann episodisch bei mehrtägigem gleichzeitigen Auftreten der beiden austauschbehindernden Faktoren Windarmut und Temperaturinversionsbildung, insbesondere in den an Emissionen reichen Wintermonaten zu einer Gesundheits- bzw. Lebensgefährdung der in den Ballungsgebieten lebenden Menschen führen.

2. Das Verhalten von Temperaturinversionen als ein wesentlicher austauschbehindernder Faktor der unteren Luftschichten wurde am Beispiel der Station Essen für das Ruhrgebiet, das größte mitteleuropäische Industriegebiet, für die einzelnen Monate untersucht. Hierbei ließ sich feststellen, daß gerade in die heizungsintensive Zeit des Winterhalbjahres fast 70% aller Inversionen eines Jahres entfielen, während im Vergleich dazu im Sommerhalbjahr nur ca. 30% aller Inversionen auftraten.

3. Die weitere Analyse ergab, daß sich innerhalb des elfjährigen Beobachtungszeitraumes Temperaturinversionen großer Stärke ($\gamma > -3$ K) ebenso selten und fast ausschließlich im Winterhalbjahr bildeten, wie dies für das Auftreten mehrtägiger Inversionen (mehr als 5 Tage) nachgewiesen werden konnte.

    Während des Beobachtungszeitraumes konnten deshalb längerdauernde Smogperioden, die für die Bevölkerung eine hohe Gesundheits- und Lebensgefährdung dargestellt hätten, nicht beobachtet werden.
    Aufgrund seiner Lage verfügt das Ruhrgebiet somit über vergleichsweise günstigere Austauschverhältnisse als etwa die in Beckenlandschaften angesiedelten Agglomerationszentren.

4. Doch trotz des relativ seltenen Auftretens von Perioden starker Luftverschmutzung lassen die dabei unterschiedlich stark erhöhten Mortalitäts- und Morbiditätsraten eine Verharmlosung dieses durch die Wetterlage verursachten Problems nicht zu.

5. Stellt sich eine mehrtägige Akkumulation luftfremder Schadstoffe ein, so resultiert hieraus je nach der Intensität der Strahlungsverhältnisse Smog, der nach seinen überwiegenden Bestandteilen entweder als SO_2 - SMOG oder O_3 - SMOG in Erscheinung tritt.
    Da Smoglagen immer auch Inversionswetterlagen sind, zeichnen sich diese durch eine von der Höhenlage abhängige Witterungsgegensätzlichkeit aus:
    Während sich in der untenlagernden schweren Kaltluft Luftverunreinigungen akkumulieren, herrscht oberhalb der Inversion nicht verschmutzte reine Warmluft vor.

6. Die sich hieraus ergebenden Probleme wurden exemplarisch an der Smogwetterlage Anfang Dezember 1962 insbesondere für den Raum Ruhrgebiet - Sauerland untersucht.

7. Die Auswertung ergab, daß während dieser Zeit eine mehr oder weniger kräftige Temperaturinversion im Ruhrgebiet in einer Höhenlage zwischen 0 m und ca. 300 - 400 m ü. NN. für ansteigende Schadstoffkonzentrationen sorgte.

8. Im Sauerland konnten die Inversionsgrenzen anhand von Sichtbeobachtungen und mit Hilfe der Auswertung der meteorologischen Meßwerte festgelegt werden.

   Während im westlichen Sauerland in der Umgebung der Station Lüdenscheid, im Ebbegebirge, von einer Höhenlage der kaltluftbegrenzenden Inversion von ca. 440 m ü. NN. ausgegangen werden konnte, wurde im Hochsauerland eine Höhenlage von ca. 600 m ü. NN. ermittelt.

9. Die oberhalb der Inversion gelegenen Gebiete wurden kartiert und können als potentielle Erholungsgebiete auch während weniger stark ausgeprägter Inversionswetterlagen in Anspruch genommen werden.

10. Die Auswertung der bioklimatischen Größen zeigte klar die Begünstigung der über der Inversion liegenden Gebiete. Darüber hinaus konnte anhand der Berechnung der Abkühlungsgrößen gezeigt werden, daß eine weitergehende bioklimatische Differenzierung der potentiellen Erholungsgebiete möglich ist.

    Abgesehen von der näheren Lage zum Ruhrgebiet zeigt sich, daß die Station Lüdenscheid und deren Umgebung über bioklimatisch günstigere Werte der Abkühlungsgröße während solcher Inversionswetterlage verfügt als vergleichsweise die Umgebung des Kahlen Astens.

Summary

The object of this study is to investigate the influence of inversion weather
conditions in industrial areas and their bioclimatic effects on potential
recreational areas on the example of the Ruhr industrial area and the adjacent
Sauerland region, North-Rhine Westphalia, West Germany.

In areas where high population density is spatially associated with air
polluting industries the layers of air nearest to the ground fulfills two basic
functions:

1. they must serve as an absorption and exchange medium for gaseous and solid
   pollutants of different qualities and quantities,

2. they must guarantee a permanent supply of clean air for the population
   which is essential for life and health.

In this connection air pollution is of considerable importance because of
its potential damage to human organism. Apart from danger to health this can
even lead to threat to life, particularly when there is a sudden change of weather
conditions involving a drastic increase in the concentration of pollutants.

The occasionally increased concentration of pollutants which is caused by
inversion layers has been known as smog catastrophes in various industrial areas
of Central Europe and North America.
With regard to vertical structure and horizontal spatial extent these weather
conditions show a remarkable antagonism of meteorological conditions depending
on altitude. This is manifested by the formation of a stable layer of cold air
being polluted by exhaust, gases and dust and a warmer cleaner layer above it.
Both are seperated by a distinct temperate inversion.

The bioclimatic differences involved in these meteorological conditions are
investigated on the example of Central Europe's largest industrial area on the
Ruhr and the adjacent recreational areas in the Sauerland region.

In the course of this investigation the frequency and occurence of temperature
inversions in the Ruhr industrial area have been analysed statistically. Apart
from this the particular smog and inversion conditions at the beginning of
December 1962 in the Ruhr industrial area and the adjacent Sauerland have
been studied in detail.

As a result it could be shown that at a time when smog conditions prevailed a distinct temperature inversion occurred at an altitude of 300 - 400 m a.s.l.
which led to a considerably increased concentration of pollutants in the
Ruhr industrial area.
In the western Sauerland (Ebbegebirge) the inversion layer could be found at an
altitude of 440 m a.s.l. whereas in the Upper Sauerland it reached an altitude
of 600 m a.s.l.
The bioclimatically favoured regions above this inversion layer which can be
used as potential recreational areas were mapped.

The results are presented on a map.

8. Literaturverzeichnis

8.1 Verzeichnis der verwendeten Abkürzungen

Am. J. publ. Health	American Journal of public Health
Angew. Meteor.	Angewandte Meteorologie
Ann. Meteor. N.F.	Annalen der Meteorologie. Neue Folge
Arch. Hyg. Bakt.	Archiv für Hygiene und Bakteriologie
Arch. Meteor. Geophys. Bioklimat.	Archiv für Meteorologie, Geophysik und Bioklimatologie
Ber. Dtsch. Wetterdienst	Berichte des Deutschen Wetterdienstes
Ind. Engng. Chem.	Industrial and Engineering Chemistry
Int. J. Biomet.	International Journal of Biometeorology
J. Air. Poll. Contr. Assoc.	Journal of the Air Pollution Control Association
Med.-met. H.	Medizin-meteorologische Hefte
Meteor. Rdschau	Meteorologische Rundschau
Meteor. Z.	Meteorologische Zeitschrift
Mitt. Vereinig. Großkesselbes.	Mitteilungen der Vereinigung der Großkesselbesitzer
Mon. Weath. Rev.	Monthly Weather Review
Naturwiss. Rdschau	Naturwissenschaftliche Rundschau
Z. Allgemeinmed.	Zeitschrift für Allgemeinmedizin
Z. ges. Hyg.	Zeitschrift für die gesamte Hygiene
Zbl. Bkt.	Zentralblatt für Bakteriologie, Parasitenkunde, Infektionskrankheiten und Hygiene
Z. Naturforsch.	Zeitschrift für Naturforschung

8.2 Schrifttum

(1) AMELUNG, W. (1950): Klimatische Behandlung im Mittelgebirge. - Med. met. H. 4: 35-42.

(2) AMELUNG, W. & A. EVERS (Hrsg.) (1962): Handbuch der Bäder- und Klimaheilkunde. - Stuttgart.

(3) BAUR, F. (1947): Musterbeispiele Europäischer Großwetterlagen. - Wiesbaden.

(4) BAUR, F. (Hrsg.) (1957): Linkes Meteorologisches Taschenbuch. III. Band. - Leipzig.

(5) BECKER, F. (1972): Die Bedeutung der Orographie in der medizinischen Klimatologie. - Geogr. Taschenbuch 1970-72: 342-356.

(6) BECKER, K. H. (1971): Physikalisch-chemische Probleme der Luftverunreinigung. - Chemie in unserer Zeit 5 (1): 9-18.

(7) BECKER, K.H. & U. SCHURATH (1972): Photochemie der Luftverschmutzung. - Umwelt-Report. - Frankfurt/M.

(8) BERG, H. (1948): Allgemeine Meteorologie. Einführung in die Physik der Atmosphäre. - Bonn.

(9) ders. (1957): Das Stadtklima. - In: VOGLER & KÜHN: Medizin und Städtebau, Bd. 2. - München

(10) BLÜTHGEN, J. (1966): Allgemeine Klimageographie, 2. Aufl. - Berlin.

(11) BORNEFF, J. (1974): Hygiene, 2. Aufl. - Stuttgart.

(12) BOŽIČEVEČ, Z. & L. KLASINC & T. ČVITAS & H. GÜSTEN (1976): Photochemische Ozonbildung in der unteren Atmosphäre über der Stadt Zagreb. - Staub - Reinhaltung der Luft 36: 363-366.

(13) BREUER, W. & K. WINKLER (1965): Schwefeldioxid-Immissionen bei austauscharmen Wetterlagen. - Staub - Reinhaltung der Luft 25: 98-101.

(14) BROUWER, H.J. (1976): Bildung und Auswirkungen von photochemischem Smog. - Applications Laboratory Philipps Environmental Protection. - (Manuskript).

(15) CHALUPA, K. (1975): Schwefeldioxid-Immissionskonzentration in Wien, Hohe Warte, in Abhängigkeit von der Höhe der Inversionen. - Wetter und Leben 27 (1/2): 23-25.

(16) CIOCCO, A. & D.J. THOMPSON (1961): A follow-up of Donora ten years after: Methodology and findings. - Am. J. publ. Health 51: 155-164.

(17) CORDES, H. (1955): Die Grippe und ihre Beziehungen zu atmosphärischen Einflüssen. - Arch. Meteor. Geophys. Bioklimat. B 6; 462-485.

(18) ders. (1963): Der Smog in medizin-meteorologischer Sicht. - Meteor. Rdschau 16: 26-27.

(19) DAUBERT, K. (1962): Ein Beitrag zur Kenntnis der Bodeninversionen. - Meteor. Rdschau 15: 121-130.

(20) DEFANT, A. (1910): Lebhafte Schwankungen an der Grenzfläche der untersten Bodeninversion. - Meteor. Z. 27: 325-326.

(21) DIRSCHMID, F. (1964): Probleme der Luftreinhaltung in der Stadt. - Städtereinigung 1: 25-27.

(22) DREYHAUPT, F.J. (1970): Luftreinhaltung als Faktor der Stadt- und Regionalplanung. - Diss. Aachen.

(23) EFFENBERGER, E. (1970): Die Verunreinigung der Luft, ein Problem der Hygiene. - Z. Allgemeinmed. 46: 283-293.

(24) EMONDS, H. (1976): Klimatologische Beurteilungsgrundlagen zur Berücksichtigung der Luftreinhaltung bei der städtebaulichen Planung in Tallagen. Untersucht am Beispiel der Aachener Kessellage. (Manuskript) - Aachen.

(25) ERIKSEN, W. (1964): Das Stadtklima, seine Stellung in der Klimatologie und Beiträge zu einer witterungsklimatologischen Betrachtungsweise. - Erdkunde 18 (4): 257-266.

(26) ders. (1975): Probleme der Stadt- und Geländeklimatologie. - Darmstadt.

(27) FAUST, V. (1977): Biometeorologie. - Der Einfluß von Wetter und Klima auf Gesunde und Kranke. - Stuttgart.

(28) FETT, W. (1974): Ein Index für das Stagnieren der bodennahen Luft. - Beilage zur Berliner Wetterkarte vom 14.3.1974. - Berlin.

(29) FICKER, H. von (1911): Temperaturschwankungen an der Grenzfläche der untersten Bodeninversion. - Meteor. Z. 28: 70-72.

(30) FLOHN, H. (1940): Singularitäten des freien Föhns, ein Beitrag zur modernen Klimakunde. - Meteor. Z. 4: 134-140.

(31) ders. (1941): Die bioklimatische Bedeutung des freien Föhns. - Der Balneologe 1: 1-7.

(32) ders. (1954): Witterung und Klima in Mitteleuropa. - Forschungen z. dt. Landeskde. Bd. 78. - Stuttgart.

(33) FOERST, W. (Hrsg.) (1968): Ullmanns Enzyklopädie der technischen Chemie. Bd. 2/2. - München, Berlin, Wien.

(34) FORTAK, H. (1973): Physikalische Probleme der Luftverschmutzung. - Ann. Met. N.F. 6:35-46.

(35) GARNETT, A. (1971): Weather, Inversions and Air Pollution. - Clean Air 1 (3): 16-21.

(36) GEORGII, H.W. (1963): Die Belastung der Großstadtluft mit gasförmigen Luftverunreinigungen. - Umschau in Wissenschaft und Technik 24: 757-762.

(37) ders. (1968): Untersuchungen der SO_2-Konzentrationsverteilung einer Großstadt in Abhängigkeit von meteorologischen Einflußgrößen. - Ber. Inst. Met. Geophys. Univ. Frankfurt/M. 14: 1-55.

(38) ders. (1972): Die lufthygienisch-meteorologische Modelluntersuchung im Untermaingebiet. - Umwelt-Report: 216-221.

(39) GEORGII, H.W. & L. HOFFMANN (1966): Beurteilung von SO_2-Anreicherungen in Abhängigkeit von meteorologischen Einflußgrößen. - Staub - Reinhaltung der Luft 26: 511-513.

(40) GIEBEL, J. (1974): Meteorologie und Luftverschmutzung. - Theraphiewoche 43: 5000-5007.

(41) GRAJETZKY, H. (1966): Reinhaltung der Luft im Interesse der Volksgesundheit. - Technik und München 6: 107-113.

(42) GREENBURG, L.M.B. & B.M. JACOBS u.a. (1962): Report of an Air Pollution Incident in New York City, November 1953. - Public Health Report 77: 7-16.

(43) GUICHERIT, R. (1973): Photochemical Smog Formation in the Netherlands. - Proc. 3rd Internat. Clean Air Congress; C 98 - C 101. - Düsseldorf.

(44) HAMM, J.M. (1969): Untersuchungen zum Stadtklima von Stuttgart. - Tübinger Geogr. Stud. H. 29.

(45) HANN-SÜRING (hrsg. v. R. SÜRING) (1951): Lehrbuch der Meteorologie, 2 Bände, 5. Auflage. - Leipzig.

(46) HEIMANN, H. (1964): Auswirkungen der Luftverschmutzung auf die Gesundheit des Menschen. - In: World Health Organization (Hrsg.): Die Verunreinigung der Luft. - Weinheim.

(47) HERB, H. (1964): Inversionen, ein Problem für die Luftreinhaltung. - Staub - Reinhaltung der Luft 24: 182-186.

(48) ders. (1964): Statistische Untersuchung über die Häufigkeit von Inversionen, Nebel und Hochnebel über München. - Oberste Baubehörde München; ohne weitere Angaben.

(49) ders. (o. Jahr): Statistische Untersuchungen über die Häufigkeit von Inversionen, Nebel und Hochnebel im Raum Nürnberg-Erlangen; ohne weitere Angaben.

(50) HERBERICH, E. (1971): Untersuchungen über die zeitliche und räumliche Immissionsverteilung im Stadtgebiet München. - Gießener Geogr. Schr. H. 24.

(51) HESS, F. (1968): Luftchemisch-synoptische Analyse der Smogwetterlage vom Dezember 1962. - Unveröff. Dipl.-Arbeit Inst. Met. u. Geophys. Univ. Frankfurt/M.

(52) HESS, F. & H. BREZOWSKY (1977): Katalog der Großwetterlagen Europas. - Ber. Dtsch. Wetterdienst Nr. 113, Bd. 15.

(53) HEYER, E. (1975): Witterung und Klima, 3. Aufl. - Leipzig.

(54) HOLZWORTH, G.C. (1972): Vertical Temperature Structure during the 1966 Thansgiving Week Air Pollution Episode in New York City. - Mon. Weath. Rev. 100 (6): 445-450.

(55) HOSTERT, W. (1965): Lüdenscheid - Industriestadt auf den Bergen. - Altena.

(56) JALU, R. (1955): Exemples des situations météorologiques à pollution anomale. - Météorologie 39: 247-256.

(57) JOST, D. (1970): Eine austauscharme Wetterlage im Gebiet von Frankfurt/M. - Staub - Reinhaltung der Luft 30: 296-298.

(58) ders. (1974): Zur Vorhersage austauscharmen Wetters. - Ann. Meteor. N.F. 9: 149-151.

(59) KATZ, M. (1964): Die physikalische und chemische Natur der Luftverunreinigung. - In: World Health Organization (Hrsg.): Die Verunreinigung der Luft. - Weinheim.

(60) KEIL, K. (1950): Handwörterbuch der Meteorologie. - Frankfurt/M.

(61) KEIL, K. (1963): Inversionen und ihre Bedeutung für die Luftverschmutzung. - Umschau in Wissenschaft und Technik 23 (63): 730-733.

(62) KERSTEN, (1958): Der Einfluß von Industrieabgasen auf die menschliche Gesundheit. - Energietechnik 11 (8): 485-486.

(63) KING, E. (1973): Untersuchungen über kleinräumige Änderungen des Kaltluftflusses und der Frostgefährdung durch Straßenbauten. - Ber. Dtsch. Wetterdienst Nr. 130, Bd. 17.

(64) KIEMSTEDT, H. & M. THOM & W. HEINRICH (1976): Zur Bestimmung regionaler Naherholungsräume unter dem Aspekt einer langfristigen Flächensicherungspolitik. - In: Ausgeglichene Funktionsräume, Grundlagen für eine Regionalpolitik des mittleren Weges. Veröffentlichungen der Akademie für Raumforschung und Landesplanung. 2. Teil: 67-98.

(65) KLÖPPEL, P. (1970): Versuch einer Berechnung der Kaltluftbewegung am Modell des Schadbachtales bei Graach/Mosel. - Landschaft und Stadt 3: 122-132.

(66) KLUG, H. (1964): Die meteorologischen Bedingungen der Anreicherung von Immissionen. - Inst. f. gewerbl. Wasserwirtschaft und Luftreinhaltung, Forum 64. Sammelbericht über die IWL-Kolloquien (2): 273-292.

(67) ders. (1964): Austauscharme Wetterlagen und ihre Häufigkeiten am Beispiel des 3. bis 7. Dezember 1962. - Mitt. Vereinig. Großkesselbes. 71 (88): 60-68.

(68) ders. (1965): Die meteorologischen Bedingungen starker Immissionsanreicherung. - Staub - Reinhaltung der Luft 25: 410-416.

(69) KNAUER, A. & R. NOACK (1962): Untersuchungen über Zusammenhänge zwischen Luftverunreinigung und meteorologischen Faktoren. - Z. ges. Hygiene 12: 937-954.

(70) KÖHLER, A. & W. FLECK (1969): Konzentration gasförmiger Luftverunreinigungen in belasteten und "reinen" Gebieten. - Staub - Reinhaltung der Luft 29: 499-503.

(71) KOFLER, W. (1977): Abgrenzung von Erholungsgebieten und Belastungszentren aufgrund ihrer Luftverunreinigung. 1. Mitt.: Gesundheitliche Aspekte, Methodik, Emissionsmessung. - Zbl. Bkt. I. Abt. Orig. B. 164: 159-178.

(72) KOLAR, J. (1969): Die Zunahme der Schwefeldioxid-Immission bei langandauernden austauscharmen Wetterlagen. - Staub - Reinhaltung der Luft 29: 508-510.

(73) KRATZER, A. (1956): Das Stadtklima, 2. Aufl. - Braunschweig.

(74) KROESCH, V. (1977): Indikatoren zur laufenden Raumbeobachtung des Bereiches Umwelt im kleinen Maßstab. - In: Umweltindikatoren als Planungsinstrumente, hrsg. v. Inst. f. Umweltforschung. H. B11: 41-51. - Dortmund.

(75) LANDESANSTALT FÜR IMMISSIONSSCHUTZ (Hrsg.) (1977): Monatsbericht über die Luftqualität an Rhein und Ruhr. - Dezember 1977.

(76) dies. (1978): Monatsbericht über die Luftqualität an Rhein und Ruhr. - Februar 1978.

(77) LANDSBERG, H.E. (1970): Climates and urban planning. - World Meteorological Organization 108: 364-372.

(78) ders. (1972): Climate of the Urban Biosphere. - Int. J. Biomet. Suppl. 16: 71-83.

(79) LANGMANN, R. (1964): Schadklima. - Hippokrates 15: 588-596.

(80) LANGMANN, R. & H. KETTNER (1963): Schwebestaubgehalt der Luft in Mülheim/Ruhr. - Gesundheits-Ingenieur 8: 247-250.

(81) LAWRENCE, E.N. (1967): Atmospheric Pollution during spells of low-level air temperature inversion. - Atmospheric Environment (1): 561-576.

(82) LEIBUNDGUT, H. (1971): Schutz unseres Lebensraumes. - Symposium an der Eidgenössischen Technischen Hochschule in Zürich vom 10.-12. November 1970. - Frauenfeld.

(83) LILJEQUIST, G.H. (1974): Allgemeine Meteorologie. - Braunschweig.

(84) MATTHES, D. (1962): Los Angeles - Ein Sonderprogramm der Luftreinhaltung. - Technische Überwachung 3 (11): 409-416.

(85) MC CABE, L.C. (1954): Air Pollution Review 1949 - 1954. - Ind. Engng. Chem. 46: 1646.

(86) MC CORMACK, B.M. (1971): Introduction of the Scientific study of Atmospheric Pollution. - Dordrecht (Holland).

(87) MILLER, M.E. & L.E. NIEMEYER (1963): Air Pollution potential forecasts - a year experience. - J. Air Poll. Contr. Assoc. 13: 205-210.

(88) MINISTERIUM FÜR ARBEIT, GESUNDHEIT UND SOZIALES DES LANDES NRW (Hrsg.) (1975): Luftverunreinigungen im Raum Duisburg, Oberhausen, Mülheim.

(89) dass. (1976): Luftreinhalteplan Rheinschiene Süd (Köln) 1977 - 1981.

(90) dass. (1978): Luftreinhalteplan Ruhrgebiet West (1978 - 1982).

(91) MÖLLER, F. (1973): Einführung in die Meteorologie, Band 1 und 2. - Mannheim.

(92) MOLL, L.H. (1973): Taschenbuch für Umweltschutz, Band 1 und 2. - Darmstadt.

(93) MROSE, H. (1955): Klima und Wetter in ihrer Wirkung auf den Menschen. - Wittenberg.

(94) NEUWIRTH, R. (1967): Das Bioklima einer Stadt. - Stadtbauwelt 12/13: 996-1000.

(95) NOACK, R. (1963): Untersuchungen über Zusammenhänge zwischen Luftverunreinigung und meteorologischen Faktoren. - Angew. Meteor. 4: 8-10 und 299-303.

(96) OELS, H. (1963): Smoggefahren bei Inversionslagen und ihre Bekämpfung.- Luftverunreinigung: 31-37.

(97) OLSCHOWY, G. (Hrsg.) (1978): Natur- und Umweltschutz in der Bundesrepublik Deutschland, 1. Aufl. - Hamburg und Berlin.

(98) PANZRAM, H. (1971): Meteorologische Aspekte zur Reinhaltung der Luft. - Naturwiss. Rdschau 24 (9): 390-392.

(99) PAPETTI, R.A. & F. GILMORE (1971): Luftverschmutzung. - Endeavour 111: 107.

(100) PENZHORN, R.D. & W.G. FILBY & H. GÜSTEN (1974): Die photochemische Abbaurate des Schwefeldioxids in der unteren Atmosphäre Mitteleuropas. - Z. Naturforsch. 29a: 1449.

(101) PETRI, H. (1965): Schädliche Auswirkungen der Luftverunreinigung. - Gesundheits-Ingenieur 4: 103-108 und 148-153.

(102) PRIMAVESI, C.A. & A. HOFFMANN & K.H. EIKMANNS (1963): Untersuchungen über die örtliche und zeitliche SO_2-Belastung in einer Großstadt des Ruhrgebietes. - Arch. Hyg. Bakt. 147: 81-93.

(103) PRINDLE, R.A. (1962): Gesundheitsschädliche Folgen wiederholter Einwirkungen niedriger Konzentrationen von Luftverunreinigungen. - Staub - Reinhaltung der Luft 22: 392-398.

(104) PRÜGEL, H. (1973): Wetterführer, 4. Aufl. - Hamburg.

(105) REGIONALE PLANUNGSGEMEINSCHAFT UNTERMAIN (Hrsg.) (1974): Lufthygienisch-meteorologische Modelluntersuchung in der Region Untermain. - 5. Arbeitsbericht.

(106) REIDAT, R. & G. BOHNSACK (1963): Auf- und Abbau von Bodeninversionen. - Mitt. Vereinig. Großkesselbes. 87: 401-408.

(107) RÖNICKE, G. & D. KLOCKOW (1974): Der Grundpegel der Schwefelkonzentration der Luft in der Bundesrepublik Deutschland 1967 - 1972. - Deutsche Forschungsgemeinschaft. Kommission zur Erforschung der Luftverunreinigung, Mitteilung XII.

(108)	RUDOLF, W. (1975):	Photochemischer Smog bei bräunlichem Dunst. - Umwelt 4: 38-40.
(109)	SCHIRMER, H. (1976):	Deutscher Planungsatlas, Klimadaten, Bd. I NRW, Lieferung 7.
(110)	SCHLIPKÖTER, H.W. (1970):	Wirkung von Luftverunreinigungen auf die menschliche Gesundheit. - Bericht über den gegenwärtigen Stand der Forschung. Hrsg.: Minister für Arbeit, Gesundheit und Soziales des Landes NRW.
(111)	SCHLIPKÖTER, H.W. & L. v. BOGDANY & S. HENKEL & K.-H. VETTEBRODT (1977):	Umweltbelastung in den Ländern der BRD und ihre gesundheitliche Bedeutung. - Stahl und Eisen 2 (97): 61.
(112)	SCHMITT, O.A. (1975):	Mehr Auslöser für Smogalarm. - Umwelt 5 (1): 38-40.
(113)	SCHNEIDER, H.W. (1976):	Photochemischer Smog, mehr und mehr ein globales Problem. - Umwelt 1: 31-32.
(114)	SCHNEIDER-CARIUS, K. (1947/48):	Der Inversionstyp der Grundschicht. - Meteor. Rdschau 7/8: 226-228.
(115)	SCHNELLE, F. (1963):	Die meteorologischen und biologischen Grundlagen der Frostschadensverhütung. - In: Frostschutz im Pflanzenbau Bd. 1. - München.
(116)	SCHREIBER, D. (1978):	Meteorologie - Klimatologie, 2. verb. Auflage. - Bochum.
(117)	SCHULZ, I. (1963):	Die winterliche Hochdrucklage und ihre Auswirkung auf den Menschen. - Ber. Dtsch. Wetterdienst Nr. 88, Bd. 12.
(118)	SCHWARZ, K. (1963):	Probleme der Luftverunreinigung in den USA - Vergleich mit Deutschland. Ergebnisse einer USA-Reise (1). - Staub - Reinhaltung der Luft 23: 160-171.
(119)	SEIFERT, G. (1963):	Bemerkung zur Inversionswetterlage Anfang Dezember 1962 in Westdeutschland. - Meteor. Rdschau 16: 82-84.
(120)	SMOG-Verordnung vom 29.10.1974	Gesetz und Verordnungsblatt für das Land Nordrhein-Westfalen. - Düsseldorf.
(121)	STEIGER, H. & A. BROCKHAUS (1971):	Untersuchungen zur Mortalität in Nordrhein-Westfalen während der Inversionswetterlage 1962. - Staub - Reinhaltung der Luft 31: 190-192.
(122)	STERN, A.C. (1968):	Air Pollution, 2. Aufl., 3 Bände. - London und New York.
(123)	-	Technische Anleitung zur Reinhaltung der Luft (TA-Luft) vom 28.8.1974.
(124)	TRAUTMANN, E. (1963):	Eine vom Feldberg (Schwarzwald) aus am 8. Dezember 1962 beobachtete Luftspiegelung der Alpen. - Meteor. Rdschau 6: 167-168.
(125)	TRÜB, P. & J. POSCH (1960):	Gesundheitsschädigende Einwirkungen der verunreinigten Luft auf den Menschen. - Luftverunreinigung: 27-34.
(126)	UNDT, W. (1959):	Probleme und Ergebnisse der Medizin-Meteorologie. - Wetter und Leben 11/12 (11): 167-173.
(127)	WEISCHET, W. (1977):	Einführung in die Allgemeine Klimatologie, 1. Aufl. - Stuttgart.

ANHANG

Tabellen und Karte der potentiellen Erholungsgebiete im Sauerland

Tab. 15
Häufigkeitsverteilung aller Inversionsuntergrenzen
bis 1.000 m ü. NN. (Radiosondenwerte Essen 1966 - 1976)

Höhenlage der Inversions-
untergrenzen in m

ü. Grund	ü. NN.	Absolute Anzahl	%	Summen-prozente
0	≤ 150	94	6,23	6,23
> 0 - ≤ 50	> 150 - ≤ 200	3	0,20	6,43
> 50 - ≤ 100	> 200 - ≤ 250	29	1,92	8,35
> 100 - ≤ 150	> 250 - ≤ 300	85	5,63	13,98
> 150 - ≤ 200	> 300 - ≤ 350	83	5,50	19,48
> 200 - ≤ 250	> 350 - ≤ 400	141	9,34	28,82
> 250 - ≤ 300	> 400 - ≤ 450	116	7,69	36,51
> 300 - ≤ 350	> 450 - ≤ 500	113	7,49	44,00
> 350 - ≤ 400	> 500 - ≤ 550	95	6,30	50,30
> 400 - ≤ 450	> 550 - ≤ 600	123	8,15	58,45
> 450 - ≤ 500	> 600 - ≤ 650	111	7,36	65,81
> 500 - ≤ 550	> 650 - ≤ 700	88	5,83	71,64
> 550 - ≤ 600	> 700 - ≤ 750	90	5,96	77,60
> 600 - ≤ 650	> 750 - ≤ 800	97	6,43	84,03
> 650 - ≤ 700	> 800 - ≤ 850	85	5,63	89,66
> 700 - ≤ 750	> 850 - ≤ 900	60	3,98	93,64
> 750 - ≤ 800	> 900 - ≤ 950	58	3,84	97,48
> 800 - ≤ 850	> 950 - ≤ 1000	38	2,52	100,00
		1509	100 %	

Tab. 16

Häufigkeitsverteilung der Höhenlagen der Inversionsuntergrenzen nach Jahren

Höhe in m ü. NN. Jahr	'66	'67	'68	'69	'70	'71	'72	'73	'74	'75	'76	Σ	%	Summenproz.
≤ 150	19	10	8	9	17	5	4	4	8	6	4	94	6,23	6,23
> 150 - ≤ 200	0	0	0	0	0	0	1	1	0	1	0	3	0,20	6,43
> 200 - ≤ 250	1	1	2	0	3	4	5	5	0	5	3	29	1,92	8,35
> 250 - ≤ 300	11	8	6	6	4	12	11	11	3	6	7	85	5,63	13,98
> 300 - ≤ 350	2	1	8	14	3	9	9	8	9	8	12	83	5,50	19,48
> 350 - ≤ 400	14	8	7	15	8	9	16	22	12	18	12	141	9,34	28,82
> 400 - ≤ 450	7	6	15	10	13	11	14	9	8	13	10	116	7,69	36,51
> 450 - ≤ 500	9	5	9	6	14	8	13	11	14	14	10	113	7,49	44,00
> 500 - ≤ 550	11	7	7	14	9	10	8	5	6	11	7	95	6,30	50,30
> 550 - ≤ 600	10	11	10	9	14	13	13	11	7	11	14	123	8,15	58,45
> 600 - ≤ 650	6	9	14	7	10	13	9	14	9	10	10	111	7,36	65,81
> 650 - ≤ 700	4	8	6	12	9	4	11	12	6	7	9	88	5,83	71,64
> 700 - ≤ 750	5	8	7	14	3	10	7	4	9	15	8	90	5,96	77,60
> 750 - ≤ 800	8	3	9	11	16	9	10	6	3	13	9	97	6,43	84,03
> 800 - ≤ 850	8	6	9	10	8	8	11	6	4	9	6	85	5,63	89,66
> 850 - ≤ 900	3	5	6	5	7	6	6	7	4	5	6	60	3,98	93,64
> 900 - ≤ 950	8	5	6	6	7	2	8	4	6	3	3	58	3,84	97,48
> 950 - ≤ 1000	6	3	5	7	0	2	6	0	3	5	1	38	2,52	100,00
Summe:	132	104	134	155	145	135	162	140	111	160	131	1509	100,00	

Tab. 17

Häufigkeitsverteilung der Höhenlagen der Inversionsobergrenzen nach Jahren

Höhe in m ü. NN. Jahr	'66	'67	'68	'69	'70	'71	'72	'73	'74	'75	'76	Σ	%	Summenprozente
≤ 150	0	0	0	0	0	0	0	0	0	0	0	0	0	0
> 150 - ≤ 200	2	0	0	1	2	1	0	0	0	1	1	8	0,53	0,53
> 200 - ≤ 250	8	5	1	1	2	1	1	1	2	1	0	23	1,52	2,05
> 250 - ≤ 300	2	1	1	1	3	0	2	3	1	0	2	16	1,06	3,11
> 300 - ≤ 350	2	0	2	1	2	1	0	2	3	3	1	17	1,13	4,24
> 350 - ≤ 400	0	1	1	3	4	4	5	4	2	2	5	31	2,05	6,29
> 400 - ≤ 450	3	4	3	7	1	7	11	4	3	4	5	52	3,45	9,74
> 450 - ≤ 500	4	4	4	10	8	8	10	14	8	9	9	88	5,83	15,57
> 500 - ≤ 550	8	2	5	9	7	8	11	13	9	10	10	92	6,10	21,67
> 550 - ≤ 600	7	11	14	13	5	7	10	7	11	15	10	110	7,29	28,96
> 600 - ≤ 650	6	4	8	5	12	8	10	15	13	9	5	995	6,30	35,26
> 650 - ≤ 700	11	5	5	12	9	12	16	9	3	11	12	105	6,96	42,22
> 700 - ≤ 750	9	7	11	6	14	7	12	9	9	11	6	101	6,69	48,91
> 750 - ≤ 800	10	6	10	8	6	8	7	11	9	10	15	100	6,63	55,54
> 800 - ≤ 850	8	9	9	12	14	12	9	10	6	17	7	113	7,49	63,03
> 850 - ≤ 900	9	11	10	11	7	5	7	4	8	10	9	91	6,03	69,06
> 900 - ≤ 950	7	4	10	10	13	10	10	6	3	12	9	94	6,23	75,29
> 950 - ≤ 1000	5	5	5	6	7	12	4	4	5	11	8	72	4,77	80,06
> 1000	31	25	35	39	29	24	37	24	16	24	17	301	19,94	100,00
Summe:	132	104	134	155	145	135	162	140	111	160	131	1509	100,00	

Tab. 18

Höhenlage der jeweils zweiten Inversion (Untergrenze)

Höhenlage in m ü. NN.	Jan.	Febr.	März	April	Mai	Juni	Juli	Aug.	Sept.	Okt.	Nov.	Dez.	Σ	%	Summenprozente
> 350 – < 400	–	2	–	–	–	–	–	–	–	–	–	1	3	2,54	2,54
> 400 – < 450	1	–	–	–	–	–	–	–	–	1	–	1	3	2,54	5,08
> 450 – < 500	1	1	–	–	–	–	–	–	–	–	–	1	3	2,54	7,62
> 500 – < 550	–	–	–	–	–	–	–	–	–	–	1	2	3	2,54	10,16
> 550 – < 600	3	1	–	–	–	–	–	–	–	1	1	–	6	5,08	15,24
> 600 – < 650	7	1	2	–	–	–	1	–	–	–	5	9	25	21,19	36,43
> 650 – < 700	1	1	–	–	–	–	–	–	–	1	1	4	8	6,78	43,21
> 700 – < 750	3	2	4	1	–	–	–	–	–	1	–	1 12	10,17	53,38	
> 750 – < 800	2	2	–	–	1	–	–	1	1	1	–	4 12	10,17	63,55	
> 800 – < 850	6	4	–	–	–	–	–	–	–	1	1	3 15	12,72	76,27	
> 850 – < 900	1	2	2	1	–	–	–	–	1	1	1	1 9	7,63	83,90	
> 900 – < 950	5	1	1	–	–	–	–	–	1	–	2	2 13	11,02	94,92	
> 950 – < 1000	1	2	–	1	2	2	1	1	–	1	–	–	6	5,08	100,00
Summe:	31	19	9	1	1	2	1	1	4	8	12	29 118	100,00	100,00	

Tab. 19
Höhenlage und Verteilung von Inversionsobergrenzen bei Vorherrschen von Bodeninversionen

Höhenlage der Inversionsobergrenzen in m ü. Grund	ü. NN.	Σ	%	Summen-prozente
> 0 - ≤ 50	> 150 - ≤ 200	8	8,50	8,50
> 50 - ≤ 100	> 200 - ≤ 250	23	24,48	32,98
> 100 - ≤ 150	> 250 - ≤ 300	14	14,89	47,87
> 150 - ≤ 200	> 300 - ≤ 350	13	13,84	61,71
> 200 - ≤ 250	> 350 - ≤ 400	4	4,26	65,97
> 250 - ≤ 300	> 400 - ≤ 450	11	11,70	77,67
> 300 - ≤ 350	> 450 - ≤ 500	7	7,46	85,13
> 350 - ≤ 400	> 500 - ≤ 550	4	4,25	89,38
> 400 - ≤ 450	> 550 - ≤ 600	5	5,32	94,70
> 450 - ≤ 500	> 600 - ≤ 650	1	1,06	95,76
> 500 - ≤ 550	> 650 - ≤ 700	1	1,06	96,82
> 550 - ≤ 600	> 700 - ≤ 750			
> 600 - ≤ 650	> 750 - ≤ 800			
> 750 - ≤ 800	> 900 - ≤ 950	1	1,06	97,88
> 800 - ≤ 850	> 950 - ≤1000	1	1,06	98,94
> 850	> 1000	1	1,06	100,00
Summe		94	100,00	

Tab. 20
Prozentuale Häufigkeitsverteilung aller Inversionsschichtdicken im Sommer- und Winterhalbjahr

Schichtdicke	Sommerhalbjahr %	Σ %	Winterhalbjahr %	Σ %	Gesamt %	Σ %
> 0 - ≤ 50	3,19	3,19	0,89	0,89	1,52	1,52
> 50 - ≤ 100	15,16	18,35	12,34	13,23	13,00	14,52
> 100 - ≤ 150	29,25	47,60	22,29	35,52	23,86	38,38
> 150 - ≤ 200	24,47	72,07	20,87	56,39	21,93	60,31
> 200 - ≤ 250	12,23	84,30	13,68	70,07	13,32	73,63
> 250 - ≤ 300	7,45	91,75	10,12	80,19	9,41	83,04
> 300 - ≤ 350	2,66	94,41	6,12	86,31	5,23	88,27
> 350 - ≤ 400	1,60	96,01	4,35	90,66	3,64	91,91
> 400 - ≤ 450	1,60	97,61	3,20	93,86	2,78	94,69
> 450 - ≤ 500	0,80	98,41	1,86	95,72	1,66	96,35
> 500 - ≤ 550	0,80	99,21	1,60	97,32	1,39	97,74
> 550 - ≤ 600	—	99,21	0,80	98,12	0,59	98,33
> 600 - ≤ 650	0,53	99,74	0,53	98,65	0,53	98,86
> 650 - ≤ 700	0,26	100,00	0,36	99,01	0,40	99,26
> 700 - ≤ 750			0,36	99,37	0,27	99,53
> 750 - ≤ 800			0,18	99,55	0,13	99,66
> 800 - ≤ 850			0,09	99,64	0,07	99,73
> 850 - ≤ 900			0,18	99,82	0,13	99,86
> 900 - ≤ 950			0,09	99,91	0,07	99,93
> 950 - ≤1000			0,09	100,00	0,07	100,00

Sommerhalbjahr: 100 % entsprechen 377 Fälle
Winterhalbjahr: 100 % entsprechen 1132 Fälle

Tab. 21
Häufigkeitsverteilungen der Schichtdicken aller Inversionen nach Jahren

Schichtdicke in m	Jahr '66	'67	'68	'69	'70	'71	'72	'73	'74	'75	'76	Σ	%	Summen-proz.
> 50 - ≤ 100	2	10	15	12	14	8	17	31	29	17	23	196	13,00	14,52
> 100 - ≤ 150		21	18	23	43	40	29	36	27	20	3	360	23,86	38,38
> 150 - ≤ 200		22	23	32	32	32	30	31	34	36		331	21,93	60,31
> 200 - ≤ 250		27	16	26	21	25	17	21	16	28		201	13,32	73,63
> 250 - ≤ 300		15	11	9	21	17	12	15	7	10	15	142	9,41	83,04
> 300 - ≤ 350		12	8	9	4	7	6	12	4	4	9	79	5,23	88,27
> 350 - ≤ 400		9	6	6	7	3	5	4	5	3	10	55	3,64	91,91
> 400 - ≤ 450		5	1	2	4	3	12	2	2	6	2	42	2,78	94,69
> 450 - ≤ 500		3	3	4	3	1	1		3	4	3	25	1,66	96,35
> 500 - ≤ 550		3	2	3	3	2		2	1	7	3	21	1,39	97,74
> 550 - ≤ 600		2	1	2	1		1				3	9	0,59	98,33
> 600 - ≤ 650				1	1	4		2	2		2	8	0,53	98,86
> 650 - ≤ 700					1				2	1	2	6	0,40	99,26
> 700 - ≤ 750						2			1	1		4	0,27	99,53
> 750 - ≤ 800				1			1					2	0,13	99,66
> 800 - ≤ 850							1					1	0,07	99,73
> 850 - ≤ 900		1		1								2	0,13	99,86
> 900 - ≤ 950				1								1	0,07	99,93
> 950 - ≤ 1000										1		1	0,07	100,00
Summe:	132	104	134	155	145	135	162	140	111	160	131	1509	100,00	

Tab. 22
Häufigkeitsverteilungen von Inversionsschichtdicken (Bereich 100 - 500 m) bei unterschiedlichen Höhenlagen der Inversionsuntergrenzen

Inversionsuntergrenze in m ü. NN.	Lineare Regression	Korr. Koeff.
bis 200	$y = 26,65 - 0,052 x$	$r = -0,8528$
300	$y = 22,28 - 0,038 x$	$r = -0,8305$
350	$y = 30,98 - 0,066 x$	$r = -0,7879$
400	$y = 30,74 - 0,065 x$	$r = -0,9516$
450	$y = 31,89 - 0,071 x$	$r = -0,6857$
500	$y = 30,40 - 0,064 x$	$r = -0,9347$
550	$y = 25,59 - 0,048 x$	$r = -0,7862$
600	$y = 27,60 - 0,055 x$	$r = -0,9563$
650	$y = 25,83 - 0,049 x$	$r = -0,8695$
700	$y = 32,42 - 0,071 x$	$r = -0,9148$
750	$y = 29,51 - 0,061 x$	$r = -0,9139$
800	$y = 26,17 - 0,049 x$	$r = -0,8265$
850	$y = 27,93 - 0,056 x$	$r = -0,8703$
900	$y = 28,40 - 0,057 x$	$r = -0,7074$

$x \mathrel{\hat{=}}$ Schichtdicke

$y \mathrel{\hat{=}}$ Prozentuale Häufigkeit der Schichtdicke

Tab. 23
Mittlere monatliche Temperaturgradienten nach Jahren für alle Inversionsschichtdicken (K/100 m)

Jahr \ Monat	Januar	Februar	März	April	Mai	Juni	Juli	August	September	Oktober	November	Dezember
1966	-0,79	-0,71	-0,85	-0,36	-1,20	-0,83	-0,60	-0,38	-0,33	-0,29	-0,42	-0,35
1967	-1,18	-0,61	-1,41	-0,59	-0,06	-0,38	-0,53	-0,30	-0,22	-0,53	-1,34	-0,97
1968	-0,74	-0,84	-0,80	0,00	-0,43	-0,51	-0,13	-0,43	-0,33	-0,75	-0,57	-1,02
1969	-0,88	-0,58	-0,99	-0,41	-0,30	-0,88	-0,71	-0,28	-0,50	-0,53	-0,48	-0,94
1970	-0,86	-0,65	-0,30	-0,15	-0,16	-0,20	-0,12	-0,22	-0,53	-0,74	-0,70	-1,15
1971	-1,11	-0,88	-0,75	-1,54	-0,82	-0,37	-1,05	-0,60	-0,57	-1,06	-1,00	-0,98
1972	-1,39	-1,20	-1,37	-0,77	-0,30	-0,55	-0,90	-0,34	-0,60	-0,97	-0,78	-1,37
1973	-2,45	-1,15	-0,57	-0,42	-0,28	-1,50	-1,17	-0,52	-0,70	-0,83	-0,62	-1,24
1974	-1,27	-0,94	-0,75	-1,39	-1,08	-1,46	-0,39	-0,83	-0,64	-0,53	-0,73	-0,78
1975	-0,80	-1,17	-0,66	-1,08	-1,07	-0,92	-0,74	-1,01	-0,58	-1,39	-0,89	-0,85
1976	-1,00	-1,56	-0,44	-1,12	-0,39	-0,33	-0,56	-0,56	-0,57	-1,25	-0,53	-1,71
Mittelwert:	-1,13	-0,94	-0,81	-0,71	-0,55	-0,72	-0,63	-0,50	-0,51	-0,81	-0,73	-1,03

Tab. 24
Mittlere Temperaturgradienten (K/100 m) für alle Inversionsschichtdicken nach Jahren

Schichtdicke	1966	1967	1968	1969	1970	1971	1972	1973	1974	1975	1976	langjähriger Mittelwert der einzelnen Schichtdicken
> 0 - ≤ 50 m	-1,38	-	-1,00	-0,10	-0,50	-0,48	-0,38	-2,73	-	-1,15	-0,89	-0,96
> 50 - ≤ 100 m	-0,49	-0,36	-0,50	-1,09	-0,34	-1,43	-0,77	-1,89	-0,87	-0,77	-1,10	-0,87
> 100 - ≤ 150 m	-0,50	-0,96	-0,54	-0,58	-0,49	-1,20	-1,17	-0,84	-1,00	-0,94	-0,71	-0,81
> 150 - ≤ 200 m	-0,69	-0,95	-0,69	-0,57	-0,62	-0,64	-1,13	-0,84	-1,09	-0,98	-1,23	-0,86
> 200 - ≤ 250 m	-0,70	-1,32	-0,64	-0,83	-0,63	-0,54	-0,96	-0,85	-0,80	-1,00	-1,34	-0,87
> 250 - ≤ 300 m	-0,60	-0,61	-0,94	-0,65	-0,71	-0,61	-1,53	-0,67	-0,88	-1,09	-0,51	-0,80
> 300 - ≤ 350 m	-0,31	-0,40	-1,06	-0,50	-0,65	-1,24	-1,17	-0,85	-0,65	-1,06	-1,09	-0,82
> 350 - ≤ 400 m	-0,73	-0,34	-0,96	-0,60	-0,97	-0,77	-1,19	-0,69	-1,10	-1,41	-1,17	-0,90
> 400 - ≤ 450 m	-0,19	-0,88	-0,18	-0,73	-0,35	-1,88	-0,70	-0,44	-0,46	-0,82	-1,24	-0,72
> 450 - ≤ 500 m	-0,11	-0,69	-0,52	-0,71	-0,30	-0,78	-	-	-	-0,55	-0,79	-0,56
> 500 - ≤ 550 m	-0,65	-1,19	-1,12	-0,71	-0,38	-0,69	-0,70	-	-	-0,68	-1,09	-0,72
> 550 - ≤ 600 m	-0,49	-0,63	-1,26	-0,58	-	-	-0,47	-	-	-	-	-0,69
> 600 - ≤ 650 m	-	-	-0,97	-	-0,60	-	-	-0,46	-	-	-	-0,51
> 650 - ≤ 700 m	-	-	-0,05	-	-	-	-1,46	-0,53	-	-0,78	-	-0,71
> 700 - ≤ 750 m	-	-	-	-	-0,43	-0,64	-	-0,33	-	-	-	-0,47
> 750 - ≤ 800 m	-	-	0,0	-	-	-0,21	-	-	-	-	-	-0,10
> 800 - ≤ 850 m	-	-	-	-	-	-0,71	-	-	-	-	-	-0,71
> 850 - ≤ 900 m	-0,10	-	-1,05	-	-	-	-	-	-	-	-	-0,58
> 900 - ≤ 950 m	-	-	-0,42	-	-	-	-	-	-	-	-	-0,42
> 950 - ≤ 1000 m	-	-	-	-	-	-	-	-0,26	-	-	-	-0,26

Tab. 25

Häufigkeitsverteilung von Inversionsschichtdicken bei verschiedenen Temperaturgradientenklassen ($0K \leq \gamma \leq -1K$ und $-1K < \gamma \leq -2K$)

Schichtdicke in m	$0K \leq \gamma \leq -1K$		$-1K < \gamma \leq -2K$	
	proz. Anteil	Summenprozente	proz. Anteil	Summenprozente
- 50	3,5	3,5	3,01	3,01
- 100	16,45	19,95	12,78	15,79
- 150	20,70	40,65	16,54	32,33
- 200	19,71	60,36	18,80	51,13
- 250	14,71	75,07	16,54	67,67
- 300	13,72	88,79	13,53	81,20
- 350	6,23	95,02	8,27	89,47
- 400	4,98	100,00	10,53	100,00

Tab. 26

Dauer und Anzahl aller Inversionen an aufeinanderfolgenden Tagen für alle Höhenlagen bis 1000 m ü. NN

Anzahl Tage mit aufeinanderfolgenden Inversionen	Jan.	Febr.	März	April	Mai	Juni	Juli	Aug.	Sept.	Okt.	Nov.	Dez.	Fälle gesamt	Gesamtanzahl Tage
1	34	20	42	34	37	29	31	41	38	37	38	28	409	409
2	13	10	14	3	2	7	10	6	12	15	15	11	118	236
3	7	6	5	2	2	1	2	3	4	5	7	6	50	150
4	6	5	4	-	1	-	-	3	1	5	3	7	35	140
5	1	3	3	-	-	-	-	-	-	5	4	7	23	115
6	1	1	1	-	-	-	-	-	-	-	2	2	7	42
7	3	3	-	-	-	-	-	-	1	1	1	-	9	63
8	1	1	1	1	-	-	-	-	-	-	2	-	6	48
9	-	2	-	-	-	-	-	-	-	1	-	2	5	45
10	-	-	-	-	-	-	-	-	-	2	-	-	2	20
11	-	2	-	-	-	-	-	-	-	-	-	1	3	33
12	-	-	-	-	-	-	-	-	-	-	-	-	-	-
13	-	-	-	-	-	-	-	-	-	-	-	-	-	-
14	-	-	-	-	-	-	-	-	-	-	-	-	-	-
15	1	-	-	-	-	-	-	-	-	-	-	-	1	15
16	-	-	-	-	-	-	-	-	-	-	-	1	1	16
17	-	-	-	-	-	-	-	-	-	-	-	-	-	-
18	-	-	-	-	-	-	-	-	-	-	-	-	-	-
19	1	-	-	-	-	-	-	-	-	-	-	-	1	19
20	1	-	-	-	-	-	-	-	-	-	-	1	2	40

Potentielle Erholungsgebiete im Sauerland

Erholungsgebiete

$30\,min.$ Isochronen der mittleren Erreichdauer
(Verkehrsmittel PKW,
Ausgangspunkt Westhofener Kreuz)

0   5   10 km

Entwurf: W. K...

Kartengrundlage:
Topographische Übersichtskarte 1:200 000,
Blatt CC 4110 Münster (Westf.) und CC 5510 Siegen.

Mit Genehmigung des Instituts für Angewandte Geodäsie, Frankfurt/M
vom 19. 10. 1978 - Nr. 22/78, vervielfältigt durch das
Geographische Institut der Ruhr-Universität Bochum.

Bochumer Geographische Arbeiten

Herausgegeben vom Geographischen Institut der Ruhr-Universität Bochum
durch Dietrich Hafemann · Karlheinz Hottes · Herbert Liedtke · Peter Schöller
Schriftleitung: Jürgen Blenck

Heft 1 **Bochum und das mittlere Ruhrgebiet** (vergriffen)

Heft 2 **Fritz-Wilhelm Achilles: Hafenstandorte und Hafenfunktionen im Rhein-Ruhr-Gebiet** (vergriffen)

Heft 3 **Alois Mayr: Ahlen in Westfalen** (vergriffen). Als Band 2 der „Quellen und Studien zur Geschichte der Stadt Ahlen" (Selbstverlag der Stadt Ahlen) noch erhältlich. Halbleinen 29,— DM

Heft 4 **Horst Förster: Die funktionale und soziogeographische Gliederung der Mainzer Innenstadt** · 1969, 94 Seiten, 21 Abbildungen, 42 Tabellen, 4 Bildtafeln, 4 beigegebene Karten (davon 2 farbig). Kartoniert 27,— DM

Heft 5 **Heinz Heineberg: Wirtschaftsgeographische Strukturwandlungen auf den Shetland-Inseln** · 1969, 142 Seiten, 27 Tabellen, 54 einzelne Karten und Diagramme, 10 Bilder (z. T. Luftaufnahmen). Kartoniert 27,— DM

Heft 6 **Dieter Kühne: Malaysia — Ethnische, soziale und wirtschaftliche Strukturen** (vergriffen)

Heft 7 **Zur 50. Wiederkehr des Gründungstages der Geologischen Gesellschaft zu Bochum** · (Festschrift mit 6 Beiträgen), 1970, 80 Seiten, 7 Karten, 41 Abbildungen. Kartoniert 20,— DM

Heft 8 **Hanns Jürgen Buchholz: Formen städtischen Lebens im Ruhrgebiet — untersucht an sechs stadtgeographischen Beispielen** (vergriffen)

Heft 9 **Franz-Josef Schulte-Althoff: Studien zur politischen Wissenschaftsgeschichte der deutschen Geographie im Zeitalter des Imperialismus** · 1971, 259 Seiten. Kartoniert 20,— DM

Heft 10 **Lothar Finke: Die Verwertbarkeit der Bodenschätzungsergebnisse für die Landschaftsökologie, dargestellt am Beispiel der Briloner Hochfläche** · 1971, 104 Seiten, 5 Abbildungen, 16 Tabellen, 6 Karten. Kartoniert 36,— DM

Heft 11 **Gert Duckwitz: Kleinstädte an Nahe, Glan und Alsenz** · Ein historisch-geographischer, wirtschafts- und siedlungsgeographischer Beitrag zur regionalen Kulturlandschaftsforschung, 1971, 172 Seiten, 23 Tabellen, 48 Karten und Diagramme. Kartoniert 20,— DM

Heft 12 **Hans-Winfried Lauffs: Regionale Entwicklungsplanung in Südbrasilien. Am Beispiel des Rio dos Sinos-Gebietes** · 1972, 232 Seiten, 27 Tabellen, 27 Abbildungen, 2 Farbkarten. Kartoniert 32,— DM

Heft 13 **Ländliche Problemgebiete. Beiträge zur Geographie der Agrarwirtschaft in Europa** (vergriffen)

Heft 14 **Peter Schöller, Hans H. Blotevogel, Hanns J. Buchholz, Manfred Hommel: Bibliographie zur Stadtgeographie. Deutschsprachige Literatur 1952—1970** · 1973, 158 Seiten. Kartoniert 14,— DM

Heft 15 **Liberia 1971** · Ergebnisse einer Studienbereisung durch ein tropisches Entwicklungsland. Von K. Hottes, H. Liedtke, J. Blenck, B. Gerlach, G. Grundmann, H. H. Hilsinger, H. Wiertz, 1973, 170 Seiten, 11 Tabellen, 53 Abbildungen. Kartoniert 20,— DM

Heft 16 **Trends in Urban Geography** · Reports on Research in Major Language Areas. Edited by Peter Schöller. 1973, 75 Seiten, 4 Tabellen, 6 Abbildungen. Kartoniert 24,— DM

Heft 17 **Manfred Hommel: Zentrenausrichtung in mehrkernigen Verdichtungsräumen an Beispielen aus dem rheinisch-westfälischen Industriegebiet** · 1974, XII, 186 Seiten, 82 Tabellen, 23 Karten und Diagramme. Kartoniert 28,— DM

Heft 18 **Hans Heinrich Blotevogel: Zentrale Orte und Raumbeziehungen in Westfalen vor der Industrialisierung (1780—1850)** · 1975, X, 268 Seiten, 13 Tabellen, 63 Abbildungen. Gebunden 46,— DM

Heft 19 **Hans-Ulrich Weber: Formen räumlicher Integration in der Textilindustrie der EWG** · 1975, XII, 114 Seiten, 45 Abbildungen, 28 Tabellen. Kartoniert 32,— DM

Heft 20 **Klaus Brand: Räumliche Differenzierungen des Bildungsverhaltens in Nordrhein-Westfalen** · 1975, XI, 167 Seiten, 15 Abbildungen, 16 Karten, 31 Tabellen. Kartoniert 29,— DM

Heft 21 **Winfried Flüchter: Neulandgewinnung und Industrieansiedlungen vor den japanischen Küsten. Funktionen, Strukturen und Auswirkungen der Aufschüttungsgebiete (umetate-chi)** · 1975, XII, 192 Seiten, 28 Abbildungen, 16 Tabellen, 8 Bilder. Kartoniert 23,- DM

Heft 22 **Karl-Heinz Schmidt: Geomorphologische Untersuchungen in Karstgebieten des Bergisch-Sauerländischen Gebirges** · Ein Beitrag zur Tertiärmorphologie im Rheinischen Schiefergebirge. 1975, XII, 170 Seiten, 1 Karte, 24 Abbildungen, 17 Tabellen. Kartoniert 26,— DM

Heft 23 **Horst-Heiner Hilsinger: Das Flughafen-Umland** · Eine wirtschaftsgeographische Untersuchung an ausgewählten Beispielen im westlichen Europa. 1976, 152 Seiten, 13 Fotos und Luftbilder, 9 Tabellen. Kartoniert 25,— DM

Heft 24 **Niels Gutschow: Die japanische Burgstadt** · 1976, 138 Seiten, zahlreiche Fotos, Karten, Tabellen und Abbildungen. Kartoniert 19,— DM

Heft 25 **Arnhild Scholten: Länderbeschreibung und Länderkunde im islamischen Kulturraum des 10. Jahrhunderts** · Ein geographischer Beitrag zur Erforschung länderkundlicher Konzeptionen. 1976, 148 Seiten, 4 Abbildungen, 3 kartographische Skizzen. Kartoniert 24,— DM

Heft 26 **Fritz Becker: Neuordnung ländlicher Siedlungen in der BRD** · Pläne — Beispiele — Folgen. 1976, 120 Seiten, 23 Tabellen, 13 Karten, 8 Abbildungen. Kartoniert 26,— DM

Heft 27 **Werner Rutz: Indonesien — Verkehrserschließung seiner Außeninseln** · 1976, 182 Seiten, 16 mehrfarbige Karten, 62 Tabellen, 2 Graphiken. Kartoniert 58,— DM

Heft 28 **Wolfgang Linke: Frühestes Bauerntum und geographische Umwelt** · Eine historisch-geographische Untersuchung des Früh- und Mittelneolithikums westfälischer und nordhessischer Bördenlandschaften. 1976, 205 Seiten, 14 Tabellen, 9 Verbreitungskarten, 93 Karten mit Katalog. Kartoniert 28,— DM

Heft 29 **Dorothee Hain: Velbert — ein kontaktbestimmter Wirtschaftsraum** · 1977, 228 Seiten, 57 Tabellen, 12 Abbildungen, 37 Karten. Kartoniert 32,— DM

Heft 30 **Bernhard Butzin: Die Entwicklung Finnisch-Lapplands** · Ansatz zu einem Modell des regionalen Wandels. 1977, 190 Seiten, 43 Tabellen, 64 Abbildungen, 1 Übersichtskarte. Kartoniert 28,— DM

Heft 31 **Heinz-Josef Gramsch: Die Entwicklung des Siegtales im jüngsten Tertiär und im Quartär** · 1978, 196 Seiten, 30 Tabellen, 35 Abbildungen. Kartoniert 30,— DM

FERDINAND SCHÖNINGH — PADERBORN

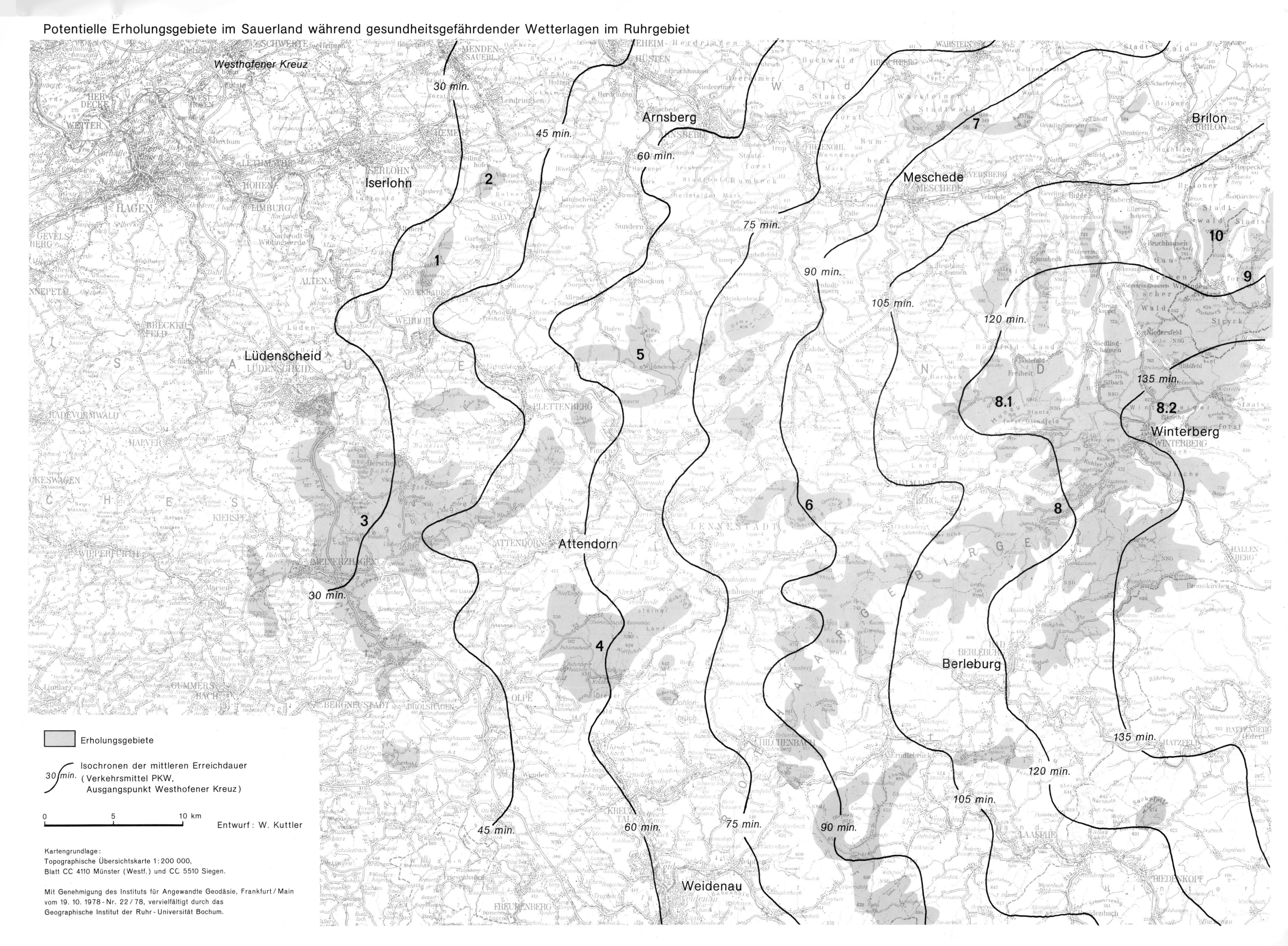

Potentielle Erholungsgebiete im Sauerland während gesundheitsgefährdender Wetterlagen im Ruhrgebiet

Bochumer Geographische Arbeiten

Herausgegeben vom Geographischen Institut der Ruhr-Universität Bochum
durch Dietrich Hafemann · Karlheinz Hottes · Herbert Liedtke · Peter Schöller
Schriftleitung: Jürgen Blenck

Heft 1 **Bochum und das mittlere Ruhrgebiet** (vergriffen)

Heft 2 **Fritz-Wilhelm Achilles: Hafenstandorte und Hafenfunktionen im Rhein-Ruhr-Gebiet** (vergriffen)

Heft 3 **Alois Mayr: Ahlen in Westfalen** (vergriffen). Als Band 2 der „Quellen und Studien zur Geschichte der Stadt Ahlen" (Selbstverlag der Stadt Ahlen) noch erhältlich. Halbleinen 29,— DM

Heft 4 **Horst Förster: Die funktionale und soziogeographische Gliederung der Mainzer Innenstadt** · 1969, 94 Seiten, 21 Abbildungen, 42 Tabellen, 4 Bildtafeln, 4 beigegebene Karten (davon 2 farbig). Kartoniert 27,— DM

Heft 5 **Heinz Heineberg: Wirtschaftsgeographische Strukturwandlungen auf den Shetland-Inseln** · 1969, 142 Seiten, 27 Tabellen, 54 einzelne Karten und Diagramme, 10 Bilder (z. T. Luftaufnahmen). Kartoniert 27,— DM

Heft 6 **Dieter Kühne: Malaysia — Ethnische, soziale und wirtschaftliche Strukturen** (vergriffen)

Heft 7 **Zur 50. Wiederkehr des Gründungstages der Geologischen Gesellschaft zu Bochum** · (Festschrift mit 6 Beiträgen), 1970, 80 Seiten, 7 Karten, 41 Abbildungen. Kartoniert 20,— DM

Heft 8 **Hanns Jürgen Buchholz: Formen städtischen Lebens im Ruhrgebiet — untersucht an sechs stadtgeographischen Beispielen** (vergriffen)

Heft 9 **Franz-Josef Schulte-Althoff: Studien zur politischen Wissenschaftsgeschichte der deutschen Geographie im Zeitalter des Imperialismus** · 1971, 259 Seiten. Kartoniert 20,— DM

Heft 10 **Lothar Finke: Die Verwertbarkeit der Bodenschätzungsergebnisse für die Landschaftsökologie, dargestellt am Beispiel der Briloner Hochfläche** · 1971, 104 Seiten, 5 Abbildungen, 16 Tabellen, 6 Karten. Kartoniert 36,— DM

Heft 11 **Gert Duckwitz: Kleinstädte an Nahe, Glan und Alsenz** · Ein historisch-geographischer, wirtschafts- und siedlungsgeographischer Beitrag zur regionalen Kulturlandschaftsforschung, 1971, 172 Seiten, 23 Tabellen, 48 Karten und Diagramme. Kartoniert 20,— DM

Heft 12 **Hans-Winfried Lauffs: Regionale Entwicklungsplanung in Südbrasilien. Am Beispiel des Rio dos Sinos-Gebietes** · 1972, 232 Seiten, 27 Tabellen, 27 Abbildungen, 2 Farbkarten. Kartoniert 32,— DM

Heft 13 **Ländliche Problemgebiete. Beiträge zur Geographie der Agrarwirtschaft in Europa** (vergriffen)

Heft 14 **Peter Schöller, Hans H. Blotevogel, Hanns J. Buchholz, Manfred Hommel: Bibliographie zur Stadtgeographie. Deutschsprachige Literatur 1952—1970** · 1973, 158 Seiten. Kartoniert 14,— DM

Heft 15 **Liberia 1971** · Ergebnisse einer Studienbereisung durch ein tropisches Entwicklungsland. Von K. Hottes, H. Liedtke, J. Blenck, B. Gerlach, G. Grundmann, H. H. Hilsinger, H. Wiertz, 1973, 170 Seiten, 11 Tabellen, 53 Abbildungen. Kartoniert 20,— DM

Heft 16 **Trends in Urban Geography** · Reports on Research in Major Language Areas. Edited by Peter Schöller. 1973, 75 Seiten, 4 Tabellen, 6 Abbildungen. Kartoniert 24,— DM

Heft 17 **Manfred Hommel: Zentrenausrichtung in mehrkernigen Verdichtungsräumen an Beispielen aus dem rheinisch-westfälischen Industriegebiet** · 1974, XII, 186 Seiten, 82 Tabellen, 23 Karten und Diagramme. Kartoniert 28,— DM

Heft 18 **Hans Heinrich Blotevogel: Zentrale Orte und Raumbeziehungen in Westfalen vor der Industrialisierung (1780—1850)** · 1975, X, 268 Seiten, 13 Tabellen, 63 Abbildungen. Gebunden 46,— DM

Heft 19 **Hans-Ulrich Weber: Formen räumlicher Integration in der Textilindustrie der EWG** · 1975, XII, 114 Seiten, 45 Abbildungen, 28 Tabellen. Kartoniert 32,— DM

Heft 20 **Klaus Brand: Räumliche Differenzierungen des Bildungsverhaltens in Nordrhein-Westfalen** · 1975, XI, 167 Seiten, 15 Abbildungen, 16 Karten, 31 Tabellen. Kartoniert 29,— DM

Heft 21 **Winfried Flüchter: Neulandgewinnung und Industrieansiedlungen vor den japanischen Küsten. Funktionen, Strukturen und Auswirkungen der Aufschüttungsgebiete (umetate-chi)** · 1975, XII, 192 Seiten, 28 Abbildungen, 16 Tabellen, 8 Bilder. Kartoniert 23,- DM

Heft 22 **Karl-Heinz Schmidt: Geomorphologische Untersuchungen in Karstgebieten des Bergisch-Sauerländischen Gebirges** · Ein Beitrag zur Tertiärmorphologie im Rheinischen Schiefergebirge. 1975, XII, 170 Seiten, 1 Karte, 24 Abbildungen, 17 Tabellen. Kartoniert 26,— DM

Heft 23 **Horst-Heiner Hilsinger: Das Flughafen-Umland** · Eine wirtschaftsgeographische Untersuchung an ausgewählten Beispielen im westlichen Europa. 1976, 152 Seiten, 13 Fotos und Luftbilder, 9 Tabellen. Kartoniert 25,— DM

Heft 24 **Niels Gutschow: Die japanische Burgstadt** · 1976, 138 Seiten, zahlreiche Fotos, Karten, Tabellen und Abbildungen. Kartoniert 19,— DM

Heft 25 **Arnhild Scholten: Länderbeschreibung und Länderkunde im islamischen Kulturraum des 10. Jahrhunderts** · Ein geographischer Beitrag zur Erforschung länderkundlicher Konzeptionen. 1976, 148 Seiten, 4 Abbildungen, 3 kartographische Skizzen. Kartoniert 24,— DM

Heft 26 **Fritz Becker: Neuordnung ländlicher Siedlungen in der BRD** · Pläne — Beispiele — Folgen. 1976, 120 Seiten, 23 Tabellen, 13 Karten, 8 Abbildungen. Kartoniert 26,— DM

Heft 27 **Werner Rutz: Indonesien — Verkehrserschließung seiner Außeninseln** · 1976, 182 Seiten, 16 mehrfarbige Karten, 62 Tabellen, 2 Graphiken. Kartoniert 58,— DM

Heft 28 **Wolfgang Linke: Frühestes Bauerntum und geographische Umwelt** · Eine historisch-geographische Untersuchung des Früh- und Mittelneolithikums westfälischer und nordhessischer Bördenlandschaften. 1976, 205 Seiten, 14 Tabellen, 9 Verbreitungskarten, 93 Karten mit Katalog. Kartoniert 28,— DM

Heft 29 **Dorothee Hain: Velbert — ein kontaktbestimmter Wirtschaftsraum** · 1977, 228 Seiten, 57 Tabellen, 12 Abbildungen, 37 Karten. Kartoniert 32,— DM

Heft 30 **Bernhard Butzin: Die Entwicklung Finnisch-Lapplands** · Ansatz zu einem Modell des regionalen Wandels. 1977, 190 Seiten, 43 Tabellen, 64 Abbildungen, 1 Übersichtskarte. Kartoniert 28,— DM

Heft 31 **Heinz-Josef Gramsch: Die Entwicklung des Siegtales im jüngsten Tertiär und im Quartär** · 1978, 196 Seiten, 30 Tabellen, 35 Abbildungen. Kartoniert 30,— DM

FERDINAND SCHÖNINGH — PADERBORN

Bochumer Geographische Arbeiten

Herausgegeben vom Geographischen Institut der Ruhr-Universität Bochum
durch Dietrich Hafemann · Karlheinz Hottes · Herbert Liedtke · Peter Schöller
Schriftleitung: Jürgen Blenck

Heft 32 **Anne-Marie Meyer zu Düttingdorf: Klimaschwankungen im maritimen und kontinentalen Raum Europas seit 1871** · 1978, 140 Seiten, 16 Tabellen, 128 Abbildungen. Kartoniert 24,— DM

Heft 33 **Herbert Kersting: Industrie in der Standortgemeinschaft neuer Binnenhäfen** · 1978, 200 Seiten, 47 Tabellen, 25 Abbildungen. Kartoniert 30,— DM

Heft 34 **Wilfried Dege: Zentralörtliche Beziehungen über Staatsgrenzen** · Untersucht im südlichen Oberrheingebiet. 1979, 184 Seiten, 18 Tabellen, 10 Karten im Anhang. Kartoniert 26,— DM

Heft 35 **Johannes Karte: Räumliche Abgrenzung und regionale Differenzierung des Periglaziärs** · 1979, 226 Seiten, 27 tabell. Übersichten, 23 Abbildungen. Kartoniert 24,— DM

Heft 36 **Wilhelm Kuttler: Einflußgrößen gesundheitsgefährdender Wetterlagen und deren bioklimatische Auswirkungen auf potentielle Erholungsgebiete** · 1979, 129 Seiten, 26 Tabellen, 39 Abbildungen, 1 Karte. Kartoniert

Sonderreihe

Band 1 **Wilhelm von Kürten: Landschaftsstruktur und Naherholungsräume im Ruhrgebiet und in seinen Randzonen** · 1973, 320 Seiten, 12 Tabellen, 47 Abbildungen und Karten (teils mehrfarbig und großformatig). Gebunden 128,— DM

Band 2 **Julius Hesemann: Geologie Nordrhein-Westfalens** · 1975, 416 Seiten, 119 Tabellen, 225 Abbildungen. Gebunden 98,— DM

Band 3 **Detlef Schreiber: Entwurf einer Klimaeinteilung für landwirtschaftliche Belange** · 1973, 104 Seiten, 20 Abbildungen, 13 teils farbige Karten im Anhang. Kartoniert 56,— DM

Band 4 **Werner Mikus: Verkehrszellen** · Beiträge zur verkehrsräumlichen Gliederung am Beispiel des Güterverkehrs der Großindustrie ausgewählter EG-Länder. 1974, 192 Seiten, 15 Tabellen, 25 Karten, 35 Abbildungen. Kartoniert 80,- DM

Band 5 **Dirk Bronger: Formen räumlicher Verflechtung von Regionen in Andhra Pradesh/Indien als Grundlage einer Entwicklungsplanung** · Ein Beitrag der Angewandten Geographie zur Entwicklungsländerforschung. 1976, 268 Seiten, 43 Karten (teils mehrfarbig und großformatig), 43 Tabellen, 10 Figuren und Diagramme. Gebunden 134,— DM

Band 6 **Karlheinz Hottes und P. Michael Pötke: Ausländische Arbeitnehmer im Ruhrgebiet und im Bergisch-Märkischen Land** · Eine bevölkerungsgeographische Studie. 1977, 110 Seiten und 114 Seiten Anhang, 83 Tabellen, 64 Karten und 20 Abbildungen. Kartoniert 88,— DM

Band 7 **Heinz Pape: Er Riad** · Stadtgeographie und Stadtkartographie der Hauptstadt Saudi-Arabiens. 1977, 150 Seiten, 47 Abbildungen, 16 Tabellen, 8 Fotos, 5 Kartenbeilagen im Anhang. Kartoniert 84,— DM

Band 8 **Jürgen Dodt und Alois Mayr (Hrsg.): Bochum im Luftbild** · Festschrift zum 20jährigen Bestehen der Gesellschaft für Geographie und Geologie Bochum e.V. 1976, 140 Seiten, 3 Tabellen, 6 Abbildungen, 43 Luftbilder,. Gebunden 28,— DM

Band 9 **Heinz Heineberg: Zentren in West- und Ost-Berlin** · Untersuchungen zum Problem der Erfassung und Bewertung großstädtischer funktionaler Zentrenausstattungen in beiden Wirtschafts- und Gesellschaftssystemen Deutschlands. 1977, 208 Seiten, 40 Abbildungen, 39 Tabellen, 5 Anlagen im Anhang. Kartoniert 92,— DM

Band 10 **Hanns Jürgen Buchholz: Bevölkerungsmobilität und Wohnverhalten im sozialgeographischen Gefüge Hong Kongs** · 1978, 235 Seiten, 32 Karten, 37 Abbildungen, 111 Tabellen, 12 Fotos. Kartoniert 124,— DM

Band 11 **Horst Förster: Nordböhmen. Raumbewertungen und Kulturlandschaftsprozesse 1918—1970** · 1978, 208 Seiten, 41 Abbildungen, 75 Tabellen, 2 Figuren, 3 Tafeln. Kartoniert 96,— DM

FERDINAND SCHÖNINGH — PADERBORN

Materialien zur Raumordnung

aus dem Geographischen Institut der Ruhr-Universität Bochum — Forschungsabteilung für Raumordnung
Herausgeber: Dietrich Hafemann, Karlheinz Hottes, Herbert Liedtke und Peter Schöller

Band 1 **Karlheinz Hottes und Dietrich Kühne: Verkehrsfeld Lünen/Nord.** 1969. Bildband und Textband).
Vertrieb: Stadtverwaltung 4628 Lünen

Band 2 **Karlheinz Hottes und Dietrich Kühne: Die Verkehrsfelder Lünen West und Süd.** 1969. (Textband und Bildband).
Vertrieb: Stadtverwaltung 4628 Lünen

Band 3 **Karlheinz Hottes und Hanns Jürgen Buchholz: Stadtbahntrassen und Citystruktur in Bochum.** 1970.
Vertrieb: Stadtverwaltung 4630 Bochum

Band 4 **Traute Weinzierl: Raumordnende Flurbereinigungsmaßnahmen in Fremdenverkehrsgebieten.** 1970.
Vertrieb: Landwirtschaftsverlag GmbH. 4400 Münster-Hiltrup

Band 5 **Karlheinz Hottes und Josef Niggemann: Flurbereinigung als Ordnungsaufgabe.** 1971.
Vertrieb: Landwirtschaftsverlag GmbH. 4400 Münster-Hiltrup

Band 6 **Jean-Claude Marandon: Der kombinierte Güterverkehr Schiene/Straße in der BRD als Faktor der Industrieansiedlung.**
Originaltitel: Les transports combinés de marchandises. Facteurs de localisation industrielle et d'évolution des grands courants de trafic en Allemagne Fédérale. (in französischer Sprache mit deutscher Zusammenfassung). 1973.
Vertrieb: Geographisches Institut der Ruhr-Universität. 4630 Bochum. 6,50 DM.

Band 7 **Karlheinz Hottes und Günter Grundmann: Bewertung der Flächennutzung im Gebiet südlich des Hauptbahnhofes Bochum.** 1972. (vergriffen)

Band 8 **Karlheinz Hottes und Fritz Becker: Wört — Eine ländliche Gemeinde im strukturräumlichen Entwicklungsprozeß Ostwürttembergs.** 1973. 7,— DM
Vertrieb: Geographisches Institut der Ruhr-Universität, 4630 Bochum

Band 9 **Hanns Jürgen Buchholz, Heinz Heineberg, Alois Mayr und Peter Schöller: Modelle kommunaler und regionaler Neugliederung im Rhein-Ruhr-Wupper-Ballungsgebiet und die Zukunft der Stadt Hattingen.** 1971.
Vertrieb: Stadtverwaltung 4320 Hattingen

Band 10 **Karlheinz Hottes, Hanns Jürgen Buchholz und Manfred Hieret: Bochum-Gerthe. Analyse und Vorschläge zur Entwicklung.** 1972. (vergriffen)

Band 11 **Karlheinz Hottes und Fritz Becker: Langenberg im bergisch-märkischen Grenzsaum. Strukturen, Grenzen, Entwicklungen.** 1972.
Vertrieb: Stadtverwaltung 5602 Langenberg

Band 12 **Karlheinz Hottes und Horst H. Hilsinger: Die Verkehrsfelder Lünen-Ost.** 1972. (Textband und Bildband).
Vertrieb: Stadtverwaltung 4628 Lünen

Band 13 **Peter Michael Pötke: Retirement und Tourismus an der Westküste Floridas.** 1973, 7,— DM.
Vertrieb: Geographisches Institut der Ruhr-Universität. 4630 Bochum

Band 14 **Karlheinz Hottes, Rainer Teubert und Wilhelm von Kürten: Die Flurbereinigung als Instrument aktiver Landschaftspflege.** 1974.
Vertrieb: Landwirtschaftsverlag GmbH. 4400 Münster-Hiltrup

Band 15 **Dietrich Badewitz: Der Odenwaldkreis — ein Wirtschaftsraum? Zum Problem der Abgrenzung von Wirtschaftsräumen.** 1974. 9,50 DM.
Vertrieb: Geographisches Institut der Ruhr-Universität, 4630 Bochum

Band 16 **Karlheinz Hottes, Fritz Becker und Josef Niggemann: Flurbereinigung als Instrument der Siedlungsneuordnung.** 1975. 14,— DM
Vertrieb: Landwirtschaftsverlag GmbH, 4400 Münster-Hiltrup

Band 17 **Herbert Becher, Gabriele Erpenbeck, Wilhelm Dahl, Ernst Zieris, Karlheinz Hottes, Uwe Meyer: Integration ausländischer Arbeitnehmer. Siedlungs-, Wohnungs-, Freizeitwesen.** 1977.
Vertrieb: Eichholz Verlag Bonn (= Studien zur Kommunalpolitik Bd. 16).

Band 18 **Karlheinz Hottes, Rainer Teubert: Vertriebene und Flüchtlinge im Rheinisch-Westfälischen Industriegebiet.** 1977. 14,— DM
Vertrieb: Geographisches Institut der Ruhr-Universität, 4630 Bochum

Band 19 **Bernd Hupfeld: Der Flughafen Düsseldorf als ein Zentrum des Luftfrachtverkehrs.** 1978. 7,— DM
Vertrieb: Geographisches Institut der Ruhr-Universität, 4630 Bochum

Band 20 **Franz-Josef Paus und Sabine Rohde-Doetsch: Abgrabungen als Raumordnungsproblem im Regierungsbezirk Düsseldorf.** (Textband und Kartenband). 1978. 12,— DM
Vertrieb: Geographisches Institut der Ruhr-Universität, 4630 Bochum

Band 21 **Robert Marks: Ökologische Landschaftsanalyse und Landschaftsbewertung als Aufgaben der Angewandten Physischen Geographie, dargestellt am Beispiel der Räume Zwiesel/Falkenstein (Bayerischer Wald) und Nettetal (Niederrhein.).** 1979. 15,— DM
Vertrieb: Geographisches Institut der Ruhr-Universität, 4630 Bochum

Weitere Bände in Vorbereitung

Verkauf nur über die jeweils angegebenen Stellen. Anfragen bezüglich Schriftentausch werden erbeten an das Geographisches Institut der Ruhr-Universität, 4630 Bochum, Universitätsstraße 150.